职业技能评价培训教材

农艺工
(基础知识)

崔燕华 吴彩兰 主编

中国劳动社会保障出版社

图书在版编目（CIP）数据

农艺工. 基础知识 / 崔燕华，吴彩兰主编. -- 北京：中国劳动社会保障出版社，2025. --（职业技能评价培训教材）. -- ISBN 978-7-5167-7053-5

Ⅰ.S

中国国家版本馆 CIP 数据核字第 2025EX6047 号

农艺工（基础知识）
NONGYIGONG（JICHU ZHISHI）

中国劳动社会保障出版社出版发行

（北京市惠新东街 1 号　邮政编码：100029）

*

北京汇林印务有限公司印刷装订　　新华书店经销

787 毫米 ×1092 毫米　16 开本　13.75 印张　224 千字
2025 年 8 月第 1 版　2025 年 8 月第 1 次印刷

定价：28.00 元

营销中心电话：400-606-6496
出版社网址：https://www.class.com.cn

版权专有　　侵权必究

如有印装差错，请与本社联系调换：（010）81211666
我社将与版权执法机关配合，大力打击盗印、销售和使用盗版图书活动，敬请广大读者协助举报，经查实将给予举报者奖励。
举报电话：（010）64954652

编审委员会

主 任 唐晓东

副主任 崔永明　杨　明

委 员 冉　颢　王万里　王俊刚　彭艳春　刘继伟

本书编写人员

主 编 崔燕华　吴彩兰

副主编 雷勇辉　王俊刚　聂石辉　唐晓东

编 者（排名不分先后）
　　　　杨宏伟　陈　茹　沈煜洋　胡　军　刘荣森　刘　燕
　　　　刘正兴　欧　欢

编写说明

为建立劳动者终身职业技能培训制度，健全完善技能人才评价体系，推行职业技能等级制度，进一步规范培训行为，提高培训质量，切实提高从业人员技能水平，有关专家根据职业培训包课程规范编写了农艺工（棉花栽培工）职业技能评价培训系列教材［以下简称农艺工（棉花栽培工）教材］。

农艺工（棉花栽培工）教材紧贴职业培训包课程规范要求编写，内容上突出"职业活动为导向、职业技能为核心"的编写原则，结构上按照职业技能等级分级别编写。该套教材共包括《农艺工（基础知识）》《农艺工（棉花栽培工）（五级/初级工）》《农艺工（棉花栽培工）（四级/中级工）》《农艺工（棉花栽培工）（三级/高级工）》4本。其中，《农艺工（基础知识）》是各级别农艺工（棉花栽培工）均需掌握的基础知识，其他各级别教材内容包括各级别农艺工（棉花栽培工）应掌握的理论知识和操作技能。

本教材介绍了农艺工应掌握的基础知识，内容涉及土壤和肥料基础知识、农业气象基础知识、作物栽培基础知识、作物保护基础知识、收获和贮藏基础知识、农田灌溉知识、农业机械基础知识、农业环境与保护基础知识、农业安全基础知识、相关法律法规知识。

本教材是农艺工（棉花栽培工）职业技能评价培训推荐教材，也是职业技能等级认定题库开发的重要依据，已纳入职业培训包教材资源，适用于职业技能评价培训和中短期职业技能培训。

本教材在编写过程中得到新疆生产建设兵团开放大学、新疆生产建设兵团公共就业和人才服务中心、新疆生产建设兵团人力资源考试院等单位的大力支持与协助，在此一并表示衷心感谢。

目 录 CONTENTS

职业模块 1　土壤和肥料基础知识 …………………………………………… 1
　培训课程 1　土壤基础知识 ………………………………………………… 3
　培训课程 2　作物与营养基础知识 ……………………………………… 10
　培训课程 3　施肥技术 …………………………………………………… 19

职业模块 2　农业气象基础知识 ……………………………………………… 29
　培训课程 1　光照对农业生产的影响 …………………………………… 31
　培训课程 2　温度对农业生产的影响 …………………………………… 35
　培训课程 3　水分对农业生产的影响 …………………………………… 44
　培训课程 4　空气对农业生产的影响 …………………………………… 51
　培训课程 5　农业技术措施的小气候效应 ……………………………… 59

职业模块 3　作物栽培基础知识 ……………………………………………… 63
　培训课程 1　播前准备 …………………………………………………… 65
　培训课程 2　播种技术 …………………………………………………… 70
　培训课程 3　田间管理技术 ……………………………………………… 78
　培训课程 4　产品收获管理技术 ………………………………………… 88

职业模块 4　作物保护基础知识 ……………………………………………… 93
　培训课程 1　有害生物及其防治策略 …………………………………… 95
　培训课程 2　作物病害与防治 …………………………………………… 97
　培训课程 3　作物虫害与防治 …………………………………………… 103
　培训课程 4　作物草害与防治 …………………………………………… 110

职业模块 5　收获和贮藏基础知识 ……………………………………………… 115

职业模块 6　农田灌溉知识 …………………………………………………… 125

职业模块 7　农业机械基础知识 ……………………………………………… 139

职业模块 8　农业环境与保护基础知识 ……………………………………… 151

职业模块 9　农业安全基础知识 ……………………………………………… 165
 培训课程 1　农业机械、器具安全使用知识 ………………………………… 167
 培训课程 2　安全使用肥料知识 ……………………………………………… 171
 培训课程 3　安全用电知识 …………………………………………………… 175
 培训课程 4　安全使用农药知识 ……………………………………………… 187
 培训课程 5　农产品质量安全知识 …………………………………………… 194

职业模块 10　相关法律、法规知识 ………………………………………… 203

职业模块 ①
土壤和肥料基础知识

培训课程 1

土壤基础知识

学习目标

掌握土壤的概念及组成，了解土壤的主要性质和耕作方法等。

一、土壤与土壤肥力

1. 土壤的概念及组成

土壤（见图 1-1）是指覆盖于地球表面的一层松散物质，其构成包括多种颗粒状的矿物质、有机物质、水分、空气以及微生物等，具备作物生长的条件。土壤主要由岩石风化产生的矿物质、动植物和微生物残骸分解形成的有机质、土壤生物（固态成分）、水分（液态成分）、空气（气态成分）以及氧化的腐殖质等成分构成。

图 1-1 土壤

2. 土壤肥力

土壤肥力是衡量土壤能够提供作物生长所需各种养分的能力的重要指标。它不仅反映了土壤的肥沃性，更是土壤各种基本性质的综合体现，同时也是其区别于成土母质和其他自然体的最本质的特征，使土壤成为自然资源和农业生产资料的物质基础。

二、土壤主要性质

1. 土壤的理化性质

土壤的理化性质主要包括土壤的物理和化学性质，这些性质共同影响了土壤的功能、土壤的肥力、作物的生长条件和适宜种植的作物类型，对农业生产具有重要意义。

（1）物理性质

1）土壤质地。是指土壤中泥沙的比例，它决定了土壤的物理特性。根据泥沙含量的不同，土壤主要分为砂土、黏土和壤土三种类型。砂土含有较高比例的砂粒，因此具有良好的通透性，但其保水和保肥能力相对较弱；黏土则含有较多的泥粒，保水和保肥能力较强，然而其耕作适宜性较差；壤土的泥沙比例适中，兼具良好的通气透水性以及保水、保肥能力。

2）土壤结构。土壤形成团聚体的能力被称为土壤的结构性能。团粒结构被认为是土壤中最为优良的结构类型，它能够有效调节土壤水分与空气之间的关系，从而为作物的生长提供有利条件。

3）其他物理性质。其他物理性质还包括土壤的颜色、密度、容重、孔隙度等，这些性质影响了土壤的密度、黏结性、透水性和透气性。

（2）化学性质

1）养分状况。土壤内含多种营养元素，如氮、磷、钾等，这些元素的含量及其比例对土壤肥力具有决定性影响。

2）胶体性质。土壤中的胶体具备庞大的比表面积和表面能，能够吸附大量水分子、养分及其他分子态物质，对养分供应与保存以及土壤酸碱度、缓冲能力具有至关重要的作用。

3）微生物作用。土壤中的微生物负责分解有机质，释放出可供作物利用的营养元素，并能固定大气中的氮素，从而提升土壤肥力。

2. 土壤有机质

土壤有机质是指存在于土壤中的所有含碳有机物质，包括土壤中的各种动植物残体、微生物及其分解和合成的各种有机物质。

作为土壤固相部分的关键组成，土壤有机质是作物营养的重要来源，能够促进作物生长发育，改善土壤物理特性，增强微生物及土壤生物活动，加速土壤营养元素分解，提升土壤保肥性和缓冲能力。这些特性与土壤结构、通气性、渗透性、吸附性和缓冲性紧密相关。在其他条件相似的情况下，土壤有机质含量与土壤肥力水平成正相关。

土壤有机质主要源自植物、动物及微生物残体，其中高等植物残体是主要来源。在自然土壤中，地表植被残落物及根系是土壤有机质的主要贡献者，如树木、灌木、草类及其残落物，这些植被年复一年地向土壤提供大量有机残体。在农业土壤中，土壤有机质来源更为广泛，包括作物根茬、秸秆还田、绿肥翻压；人畜粪尿、工农业的副产品（如酒糟、亚铵造纸废液等）；城市生活垃圾、污水；土壤微生物、动物（如蚯蚓、昆虫等）的遗体及分泌物，以及人为施用的各种有机肥料。在耕作土壤中，由于自然植被缺失，土壤有机质主要来源于作物根分泌物、根茬、枯枝落叶以及人们每年施用的有机肥料（绿肥、堆肥、沤肥和厩肥等）。

进入土壤的有机残体在化学成分上主要包含碳水化合物（包括简单糖类、淀粉、纤维素和半纤维素等多糖类）、含氮化合物（主要是蛋白质）、木质素等物质，以及脂溶性物质（如树脂、蜡质等）。

土壤有机质含量在不同土壤类型中存在显著差异，高者可达30%以上（如泥炭土、某些肥沃森林土壤），低者不足0.5%（如荒漠土、风沙土）。在土壤学中，通常将耕作层中有机质含量在20%以上的土壤定义为有机质土壤，而有机质含量低于20%的土壤则称为矿质土壤。

3. 土壤养分

土壤养分是由土壤提供的作物生长所必需的营养元素，这些元素在土壤中能直接或经转化后被作物根系吸收，主要包括氮、磷、钾、钙、镁、硫、铁、硼、钼、锌、锰、铜和氯13种元素。

土壤养分可分为大量元素、中量元素和微量元素。在自然土壤中，土壤养分主要来源于土壤矿物质和土壤有机质，此外，大气降水、坡渗水和地下水也可提供部分养分。在耕作土壤中，营养成分还来源于施肥和灌溉。根据作物对营养元素吸收利用的难易程度，土壤养分可分为速效性养分和迟效性养分。一般来说，速效性养分仅占很少的部分，不足全量的1%。

三、土壤耕作

1. 土壤基本耕作

土壤基本耕作包括翻耕、深松耕、旋耕、圆盘耙等犁地方式。这些耕作方式旨在改善土壤结构和理化性状，提高土壤肥力，消灭病虫杂草，为农作物生长发育创造良好的土壤环境。

（1）翻耕

翻耕是非常普遍的一种耕作方式，使用有壁犁或锄将土垡切开、破碎、翻转并抛到右侧犁沟，作用在于翻土、切土、碎土并同时翻埋肥料和作物残茬，使土壤疏松。翻耕对土壤影响大，作用面广，消耗动力多，它不但会影响当季作物生长，有时也会影响后季作物生长。如图1-2所示。

（2）深松耕

深松耕使用无壁犁、深松铲、凿形铲对耕层进行全面或间隔的深位松土，其可以在各个适当时期分散进行，可避免深耕作业时间过分集中，有利于做到耕种结合和耕管结合。如图1-3所示。

图1-2 翻耕（犁地作业）

图1-3 深松耕机械

（3）旋耕

旋耕采用旋耕机进行，在旋耕机上安装犁刀，犁刀旋转过程中起到切割、破碎、掺和土壤的作用，既能松土又能碎土，适用于水田、旱田整地，一次作业就可以进行旱田播种或水田放水插秧，省时省工，成本低。如图1-4所示。

（4）圆盘耙犁地

圆盘耙犁地是一种表土耕作方式，包括耙地、耱地、镇压、作畦、起垄、中耕、培土等，一般为基本耕作后的辅助作业。如图1-5所示。

这些基本耕作方式需根据当地的气候、土壤、地势、轮作要求、生产技术条件，以及机械化程度和种植制度中各种农作物对土壤的要求等因素，综合考虑制定，以达到不断改善耕层结构，调节土壤中水分、空气、温度状况，促进微生物活动，提高土壤肥力，抑制杂草生长，减少病虫害发生的目的。

图1-4 旋耕作业

图1-5 圆盘耙作业

2. 表土耕作

表土耕作是土壤耕作的一种形式，它主要涉及入土较浅、作用强度较小的作业，旨在破碎土块、平整土地、消灭杂草，为作物创造良好的播种、出苗和生产条件。表土耕作深度一般不超过 10 cm，包括耙地、耱地、镇压、中耕和起垄作业。

（1）耙地

耙地是指疏松表土、耙碎耕层土块的耕作方式，用以解决翻耕后地面起伏不平的问题，使表层土壤细碎，地面平整，保持墒情，为作畦或播种打下基础。如图1-6所示。

图1-6 耙地作业

(2) 耢地

耢地多在耙地后进行，可使地表形成覆盖层，这是减少土壤水分蒸发的重要措施，同时还有平地、碎土和轻度镇压的作用。如图1-7所示。

(3) 镇压

镇压是指以重力作用于土壤的作业方式，具有压紧耕层、压碎土块、平整地面和提墒的作用。如图1-8所示。

图1-7 耢地作业

图1-8 大型镇压器田间作业

(4) 中耕

中耕作业是指在农田休耕期或作物生长期间所采取的表层土壤耕作方式，其目的在于使土壤表层变得松散，有效保持土壤水分，减少地表蒸发。如图1-9所示。

表层土壤耕作措施的选择与实施，与土壤的种类、作物的类型以及环境条件密切相关。恰当的表层土壤耕作能够提升土壤的透气性、透水性以及保水保墒能力，能扩大根系的活动范围，增强吸收水分及养分的能力。此外，它还有助于促进土壤中作物残茬、杂草以及有机肥料的分解，起到除草、肥田以及改善土壤养分状况的作用。

图1-9 中耕作业

3. 免耕和少耕

（1）免耕

免耕是指作物播种前不用犁、耙耕地和整地，而是直接在茬地上播种，播后作物生育期间不进行中耕，于播种前后喷洒化学除草剂来灭草的一类耕作方式。典型的免耕在一块地上可种一季作物，也可数年连续免耕，但免耕有一定的时限性，经过一定周期后，需要再进行必要的土壤翻耕。

免耕包括三个主要环节：首先，地面需覆盖残茬、秸秆、砂石或其他覆盖物；其次，在前茬作物收获后直接播种，采用联合作业的免耕播种机一次性完成开沟、播种、施肥、施药、覆土、镇压等作业；最后，用广谱化学除草剂于播种前后进行土壤处理，以消除草害。

（2）少耕

少耕是指在常规耕作基础上，尽量减少土壤耕作次数或在全田间隔耕作、减少耕作面积的一类耕作方式，它是介于常规耕作与免耕之间的中间类型的耕作方式。凡是以局部深松代替全面深耕，以耙茬、旋耕代替翻耕，在季节间、年份间轮耕，间隔带状耕种，减少中耕次数或免中耕等，均属于少耕的范畴。

随着免耕、少耕技术的推广与发展，出现了保护性耕作的概念。一般认为，保护性耕作是采用少耕、免耕、地表微地形改造、地表覆盖并结合适当的种植模式等多种措施，旨在减少农田土壤侵蚀，保护农田生态环境，并获得生态效益、经济效益及社会效益协调发展的可持续农业技术。保护性耕作具有保土、培肥、节水、增产及增效的作用。最初，保护性耕作主要针对生态脆弱区的土壤保护，现已推广到粮食主产区。通过对农田土壤进行少耕、免耕及秸秆覆盖、秸秆还田，减少土壤裸露和侵蚀，保护土壤肥力，节约劳动成本，实现稳产或高产，从而增加农民收入。

培训课程 2

作物与营养基础知识

学习目标

掌握作物必需的营养元素，了解作物缺素症状及需肥规律。

一、作物必需的营养元素

作物生长所必需的营养元素共有17种，这些元素对于作物的健康成长和发育具有至关重要的作用。它们包括碳（C）、氢（H）、氧（O）、氮（N）、磷（P）、钾（K）、钙（Ca）、镁（Mg）、硫（S）、铁（Fe）、锰（Mn）、铜（Cu）、锌（Zn）、硼（B）、钼（Mo）、氯（Cl）和镍（Ni）。根据作物对这些元素需求量的差异，它们被划分为大量元素和微量元素两大类。大量元素包括碳、氢、氧、氮、磷、钾、钙、镁和硫，这些是作物需求量相对较多的元素。而微量元素则由铁、锰、铜、锌、硼、钼、氯和镍组成，作物对这些元素的需求量极小，过量摄入则可能导致毒性反应。

这些营养元素对作物的生长或生理代谢发挥着直接作用，在缺乏的情况下，作物无法正常地生长发育，且各营养元素的生理功能无法被其他营养元素所替代。

必需营养元素的生理作用涵盖了构成作物体内有机结构的组成部分，参与酶促反应或能量代谢以及生理调节。尽管微量元素在作物需求量上相对较少，但它们在作物的生命活动中扮演着不可替代的角色。

二、作物必需的营养元素及缺素症状

1. 大量元素及缺素症

（1）大量元素及作用

1）碳。碳是作物中有机化合物的组成元素。

2）氢。氢是作物中多种有机化合物的重要组成元素。

3）氧。氧是呼吸作用和生长所需的水、蛋白质及纤维素等成分的主要元素。

4）氮。氮是蛋白质、核酸以及磷脂的主要成分，这些物质又是构成原生质、细胞核以及生物膜等细胞结构物质的关键要素。缺乏氮元素，蛋白质的合成将无法进行；氮元素是酶，腺苷三磷酸（ATP），多种辅酶和辅基，如烟酰胺腺嘌呤二核苷酸（NAD+）、烟酰胺腺嘌呤二核苷酸磷酸（NADP+）等不可或缺的组成部分，它们在生物体内的物质和能量代谢过程中扮演着至关重要的角色；氮元素还是某些作物激素，如生长素和细胞分裂素，维生素如 B_1、B_2、B_6，烟酸（PP）等的构成要素，对生命活动的调节具有显著影响；氮元素同样是叶绿素的组成成分，与光合作用过程密切相关。

5）磷。磷是核酸、核蛋白和磷脂的主要成分，并与蛋白质合成、细胞分裂及生长有密切关系，在作物的生命活动过程与遗传变异中具有重要的作用；磷是许多辅酶的成分，也是 ATP 和 ADP（腺苷二磷酸）的重要组成成分，对能量的贮藏和供应起着非常重要的作用；磷参与碳水化合物的代谢和运输；磷对氮代谢起着重要作用，并且与脂肪转化有关；磷能提高作物的抗旱、抗寒、抗病、抗倒伏和耐酸碱的能力；能促进作物的生长发育，促进花芽分化和缩短花芽分化的时间，促进作物提早开花，提前成熟；能提高细胞结构的水化度和胶体束缚水的能力，减少细胞水分流失。

6）钾。钾是酶的活化剂。钾在细胞内可作为 60 多种酶的活化剂，如丙酮酸激酶、果糖激酶、苹果酸脱氢酶、淀粉合成酶等。因此，钾在碳水化合物代谢、呼吸作用以及蛋白质代谢中起重要作用；促进蛋白质与糖的合成，并能促进糖类向贮藏器官运输；促进光合作用；钾是构成细胞渗透势的重要成分，对气孔的开放有着直接的作用；钾能提高作物对干旱、低温、盐害等不良环境的忍受能力和对病虫、倒伏的抵抗能力。因此，钾充足时，作物的抗病能力可大为增强。钾还能促进果实着色，提高果实中糖分和维生素含量，改善糖酸比，提升果实风味。

（2）大量元素缺素症

1）缺氮症状。

①植株瘦小。缺氮时，蛋白质、核酸、磷脂等物质的合成受阻，影响细胞的分裂与生长，作物生长矮小，分枝、分蘖很少，叶片小而薄，花果少且易脱落。

②黄化失绿。缺氮时会影响叶绿素的合成，使枝叶变黄，叶片早衰，甚至干枯，从而导致产量降低。

③老叶先表现病状。因作物体内氮的移动性大，老叶中的氮化物分解后可运到幼嫩的组织中重复利用，所以缺氮时叶片发黄，并由下部叶片开始逐渐向上蔓延。

2）缺磷症状。

①细胞分裂受阻，生长停滞，植株瘦小，分蘖、分枝减少，幼芽、幼叶生长停滞，茎、根变得纤细，植株矮小，花果易脱落，成熟期延迟。

②叶呈暗绿色或紫红色，无光泽。缺磷时，蛋白质合成下降，糖分运输受阻，导致叶片、茎秆中的糖分相对积累，从而使营养器官中糖分含量相对提高，这有利于花青素的形成，故缺磷时叶子呈现不正常的暗绿色或紫红色。

③老叶先表现症状。磷在体内易移动，且能重复利用，缺磷时老叶中的磷能大部分转移到正在生长的幼嫩组织中去。因此，缺磷的症状最初出现在下部老叶，并逐渐向上蔓延。

3）缺钾症状。

①缺钾时植株茎秆柔弱，易倒伏，抗旱、抗寒性降低。

②缺钾初期，先从老叶的尖端和边缘开始发黄，并渐次枯萎，叶面出现小斑点，进而干枯或呈焦枯状，最终叶脉之间的叶肉也干枯，并在叶面出现褐色斑点和斑块。作物生长缓慢，但由于叶中部生长仍较快，所以整个叶子会形成杯状弯曲，或发生皱缩。

③有的作物叶片呈青铜色，向下卷曲，叶表面叶肉组织凸起，叶脉下陷。

④老叶先表现症状。钾也是易移动且可被重复利用的元素，故缺素病症首先出现在作物下部老叶。

2. 微量营养元素及缺素症

（1）微量元素功能

1）铁。铁元素的缺乏将会阻碍叶绿素的合成，导致叶片失绿，进而影响光合作用及碳水化合物的形成；铁是作物进行有氧呼吸所必需的细胞色素氧化酶、过氧化氢酶、过氧化物酶等的组成部分；同时，铁氧还蛋白（Fd）在光合作用、硝酸还原、生物固氮等过程中扮演重要角色。

2）锰。锰是维持叶绿体结构所必需的营养元素，有助于促进光合作用；它能催化多种呼吸酶（如异柠檬酸脱氢酶、苹果酸脱氢酶等）的活性，参与呼吸作用；参与硝酸还原过程；促进种子萌发及幼苗早期生长，并能促进多种作物花粉管的伸长。

3）锌。锌参与生长素（吲哚乙酸）的合成过程；是作物体内众多酶的组成部分；可构成碳酸酐酶；能够增强作物的耐寒性、耐热性、耐旱性、抗盐性；促进作物生长发育，调整籽实与茎秆的比例，增加作物的经济产量，提升作物品质。

4）铜。铜是作物体内多种氧化酶的组成部分，如多酚氧化酶、抗坏血酸酶、吲哚乙酸氧化酶等，在催化氧化还原反应方面发挥着关键作用；构成叶绿体蛋白质（质体蓝素），参与作物的光合作用；参与蛋白质和碳水化合物的合成过程。

5）钼。钼是固氮酶中铁钼蛋白的关键成分，在生物固氮过程中发挥重要作用；是硝酸还原酶的组成部分，参与硝酸还原过程；参与磷酸代谢，促进无机磷向有机磷转化；促进作物体内维生素C的合成；增强作物对病毒病的抵抗力。

6）硼。硼能强化作物的光合作用，促进光合产物的正常运输，改善各器官的营养物质供应；加速花的发育，增加花粉数量，促进花粉粒的萌发和花粉管的生长，有利于受精和种子的形成；促进作物分生组织细胞的分化过程，影响细胞分裂和伸长；提高作物的抗旱、抗寒能力。

7）氯。氯参与淀粉、纤维素、木质素的合成，促进果实成熟。氯还参与光合作用，调节细胞的渗透压，并能增强作物对某些病害的抗性等。

8）镍。镍能催化尿素降解为氨和二氧化碳；参与豆科作物生物固氮过程。

（2）微量元素缺素症

1）铁元素缺乏症状。铁元素无法被重新利用，缺铁症状自幼嫩叶片开始显现。作物若出现铁元素缺乏，主要表现为叶绿素受损，导致叶脉间出现失绿，而叶脉本身仍保持绿色。在严重情况下，新生叶片可能完全转变为黄白色。

2）硼元素缺乏症状。作物若缺乏硼元素，其顶端生长点会出现异常或生长停滞，幼嫩叶片可能畸形、皱缩，叶脉间失绿，而下部叶片则会增厚，叶色加深，整个植株生长矮小。作物体内硼元素含量最高的部位为花部，因此硼元素缺乏常表现为甘蓝型油菜"花而不实"，花期延长且结实率低下。棉花则可能出现"蕾而无花"的现象，仅形成花蕾而不开花。小麦则表现为"穗而不实"，结实率低，籽粒不饱满。花生则可能出现"存壳无仁"的情况。

3）锰元素缺乏症状。锰元素在作物体内无法被重新利用，若植株缺锰，首先在幼嫩叶片上显现症状，表现为叶绿素减少，叶脉间失绿，而叶脉及其附近区域仍保持绿色。

4）铜元素缺乏症状。铜元素缺乏的典型症状表现为禾谷类作物分蘖增多，植株丛生，叶尖发白，叶片卷曲或扭曲，无法结实，此现象被称为"白瘟病"或"耕作病"。

5）锌元素缺乏症状。锌元素在植株体内具有一定的移动性，多在幼嫩器官上表现出来。若作物缺锌，通常表现为生长迟缓，植株矮小，叶片失绿，出现灰绿或黄白斑点，叶片小且簇生，根系发育不良。

6）钼元素缺乏症状。钼元素缺乏通常会先在中部及较老叶片上显现，表现为黄绿色；叶片边缘枯焦、卷曲成环状或杯状，叶片变小，叶面出现坏死斑点。不同作物表现出的症状各异，例如，棉花缺钼时，枝尖叶脉会失绿，蕾铃脱落严重；小麦缺钼则表现为叶片失绿，灌浆不良，成熟延迟，籽粒不充实。

7）氯元素缺乏症状。氯元素缺乏时，叶片和叶尖会出现干枯、黄化及坏死现象；根系生长缓慢，根尖变粗。

8）镍元素缺乏症状。镍元素缺乏时，叶片中尿素积累，叶尖端和边缘组织坏死，严重时可能导致叶片整体坏死。

植物缺素症状对照图如图 1-10 所示。

图 1-10 作物缺素症状图

三、作物的需肥规律

1. 作物的需肥量

作物的需肥量是一个关键因素,它直接影响到农作物的生长及产量。不同作物在不同生长周期内对营养成分的需求各不相同,因此,采取科学合理的施肥方法是确保农作物高产和优质的重要措施。以下为常见粮食作物的肥料需求量。

小麦。一般产量水平下,每生产100 kg小麦籽粒,需从土壤中吸收氮(N)约3 kg、磷(P_2O_5)1~1.5 kg、钾(K_2O)2.5~3.1 kg。随着小麦产量的提高,对氮、磷、钾的吸收比例也相应提高。

玉米。一般产量水平下,每生产100 kg玉米籽粒需要氮(N)3.6 kg、磷(P_2O_5)1.5 kg、钾(K_2O)3.1 kg。氮(N):磷(P_2O_5):钾(K_2O)为2.4:1:2.1。

水稻。水稻一生需肥量为每100 kg稻谷需要吸收氮(N)2.0~2.4 kg、磷(P_2O_5)0.9~1.4 kg、钾(K_2O)2.5~2.9 kg。

马铃薯。马铃薯是块茎作物,每生产1 000 kg鲜薯需要氮(N)4.4 kg、磷(P_2O_5)1.8 kg、钾(K_2O)7.9 kg。马铃薯是典型的喜钾作物,对作物的增产效果是:钾>氮>磷。马铃薯生育期短,产量大,基肥需求大。

甘薯。甘薯以地下块根为经济产品,每生产1 000 kg鲜薯,需氮(N)4.9~5.0 kg、磷(P_2O_5)1.3~2.0 kg、钾(K_2O)10.5~12.0 kg。氮(N):磷(P_2O_5):钾(K_2O)为1:0.3:2.1。

棉花。一般每生产100 kg皮棉需吸氮(N)7~8 kg、磷(P_2O_5)4~6 kg、钾(K_2O)7~15 kg。

2. 作物营养的阶段性特征

作物在生长过程中对营养元素的需求显现出阶段性特征,这包括对营养元素种类、数量及比例的不同需求,这些需求会随着作物所经历的生长阶段而发生改变。在作物的生命周期内,若能及时满足两个关键时期(即作物营养临界期和作物营养最大效率期)对养分的特定需求,则能够显著提高作物的产量。

除前期种子营养供给和后期根系停止吸收营养外,作物在其生命周期的各个阶段均需从土壤中摄取养分。作物通过根系从土壤中吸收养分的整个过程称为作物的营养期,该时期涵盖了多个不同的营养阶段。每个营养阶段的营养特性各异,通常作物在生长初期吸收的养分较少,随着营养生长与生殖生长阶段并行,养分的吸收量逐渐增加,至生长后期则再次减少。不同作物对养分的吸收高峰以及在各个生长阶段对氮、磷、钾的需求量存在差异。例如，水稻在拔节期达到氮吸收的高峰，开花后吸收量有所下降；棉花在现蕾和开花期达到氮吸收的高峰。冬小麦在越冬前主要吸收氮，而对磷、钾的吸收量减少；在开花期，磷、钾的吸收量较高，氮的吸收量则相对较少；开花后，钾的吸收则完全停止。

（1）种子萌发期

种子作为农作物生长的起点，其萌发阶段标志着作物生长的初始时期。在这一时期，施用有机肥料或化学氮肥以确保氮素的充分供应至关重要。磷肥的施用有助于促进根系的发育和种子的顺利萌发。同时，钾肥的施用能够增强作物的抗逆境能力并提高产量。如图1-11所示。

（2）生长期

在作物生长发育的关键时期，即生长期，其对养分的吸收达到顶峰。在此阶段，合理施用氮肥对于推动作物生长发育及提高产量具有显著的促进作用。磷肥的施用有助于加速作物生长速度并提升产量。钾肥的运用能够强化作物的逆境抵抗力，从而增加产量。除了氮、磷、钾这些主要营养元素外，作物在生长期对锌、铁、锰、镁等微量元素的需求也极为关键，适量施用含有这些微量元素的肥料，能够满足作物对这些元素的需求。如图1-12所示。

图1-11　玉米种子萌发期

图1-12　玉米生长期

（3）开花期和结果期

作物的开花期与结果期对营养元素的需求具有特定性。此时期，作物对磷、钾以及微量元素的需求尤为显著。施用磷肥有助于促进作物的开花与结果过程，进而提升产量与品质。钾肥的施用则有利于花粉的成熟及果实的膨胀。此外，锌、铁等微量元素在作物的花芽分化、受精及果实发育等关键环节中扮演着至关重要的角色。因此，适时适量地施用含有这些微量元素的肥料，能够有效满足作物在这些生长阶段的营养需求。如图1-13所示。

图1-13 玉米开花期

3. 作物营养的临界期和营养最大效率期

（1）作物营养的临界期

在作物生长发育的过程中，有一时期对某些营养元素的需求量虽不大，但却极为敏感。若该营养元素供应不足或过量，将对作物的生长发育及产量产生显著影响，即便后期补充也难以弥补损失。这一时期称为作物营养的临界期。临界期通常出现在作物生长发育的关键转折点，不同营养元素的临界期出现时间有所不同。

对于大多数作物而言，磷素的营养临界期主要出现在幼苗期，即从种子营养向土壤营养过渡的关键时期。此时，种子内的磷素即将耗尽，而幼苗的根系尚不发达，吸收能力有限，因此容易出现磷缺乏现象。例如，小麦在分蘖初期若磷素供应不足，将无法正常分蘖，根系细弱，易受低温伤害；玉米在出苗后7天内，棉花在出苗后10~20天，均可能出现磷素缺乏。因此，在农业生产中，将磷肥作为种肥施用具有重要意义。

氮素的营养临界期一般发生在营养生长向生殖生长过渡的时期，时间稍晚于磷素的营养临界期。例如，冬小麦在分蘖和幼穗分化期，适量的氮素供应能够增加分蘖数量，为形成大穗奠定基础。玉米在幼穗分化期若氮素不足，则会导致穗小、花少；若氮素过量，则会使茎叶过于茂盛，小穗发育，从而影响后期产量。若棉花在现蕾初期氮素缺乏或过量，均会严重损害棉花的产量和品质。

（2）作物营养最大效率期

作物营养最大效率期是指作物在生长发育中，对某种养分需求量最大，吸收速率最快，且施肥产生的肥效最大，增产效率最高的时期，此时期往往是作物生长最旺盛的时期。为争取高产，应及时补充养分。不同作物营养最大效率期不同。以氮为例，玉米营养最大效率期在大喇叭口至抽雄初期，冬小麦则在拔节至抽穗期，大豆和油菜在开花期。作物对不同营养元素的最大效率期也不同，如甘薯生长初期为氮的最大效率期，而块根膨大时为磷、钾的最大效率期。

作物吸收养分具有连续性，各个营养阶段彼此联系，互相影响。在生产中，既要重视两个关键时期的施肥，又要兼顾各个营养阶段的特点，采用基肥、种肥和追肥相结合的方法，充分满足作物对养分的需要。

培训课程 3 施肥技术

学习目标

了解肥效的影响因素及提高途径,掌握不同肥料施肥方法与施肥时期。

一、肥料种类与特性

1. 化学肥料

化学肥料是指用化学方法制造或者矿石加工制成的肥料,也称无机肥料或化肥,包括氮肥、磷肥、钾肥、微肥、复合肥料等,它们具有以下一些共同的特点:成分单纯,养分含量高;肥效快,肥力强劲;某些肥料有酸碱反应;一般不含有机质,没有改土培肥的作用。磷肥、氮肥、钾肥是作物需求量较大的化学肥料。

只含有一种可标明含量的营养元素的化肥称为单元肥料,如氮肥、磷肥、钾肥,以及次要常量元素肥料和微量元素肥料。含有氮、磷、钾三种营养元素中的两种或三种,且可标明其含量的化肥,称为复合肥料或混合肥料。

根据化学性质的不同可将化学肥料分为:生理酸性肥料,大多数的铵盐和钾盐都属于这类肥料;生理碱性肥料,如硝酸钙、硝酸镁等都属于碱性肥料;生理中性肥料,如硝酸钾、硝酸铵、尿素等。根据养分成分的不同可将化学肥料分为氮肥、磷肥、钾肥、复合肥、微量元素等。根据用途不同可将化学肥料分为基肥和追肥。此外,化学肥料还可分为速效肥、缓效肥、长效肥、土壤用肥、叶面用肥等。

2. 有机肥料

有机肥料也称农家肥料。凡以有机物质(含有碳元素的化合物)作为肥料的均称为有机肥料(也称有机肥),主要包括人粪尿、厩肥、堆肥、沤肥、沼气肥、天然矿物质肥等。有机肥料具有种类多、来源广、肥效较长等特点。有机肥料所含的营养元素多呈有机状态，作物难以直接利用，需经微生物作用，缓慢释放出多种营养元素，源源不断地将养分供给作物。施用有机肥料能改善土壤结构，协调土壤中的水、肥、气、热，提高土壤肥力和土地生产力。常见的有机肥料如下。

（1）人粪尿

人粪尿是指人体排泄的尿和粪的混合物。其腐熟后可作速效氮肥用，作基肥或追肥均可，宜与磷、钾肥配合施用。在使用人类尿作为肥料时应注意：不能与碱性肥料（草木灰、石灰）混用；每次用量不宜过多；旱地应加水稀释，施后覆土；水田应结合耕田，浅水匀泼，以免挥发、流失和使作物徒长；忌氯作物不宜施用，以免影响品质。

（2）厩肥

厩肥是指家畜粪尿和垫圈材料、饲料残渣混合堆积并经微生物作用而成的肥料，其富含有机质和各种营养元素。厩肥腐熟后主要作基肥用。新鲜厩肥的养分多为有机态，碳氮比（C/N）值大，不宜直接施用，尤其不能直接施入水稻田。如图1-14所示。

（3）堆肥

堆肥是指将作物茎秆、绿肥、杂草等作物性物质与泥土、人粪尿、垃圾等混合堆置，经微生物分解而成的肥料。堆肥多作为基肥，施用量大，可提供营养元素和改良土壤性状，尤其对改良砂土、黏土和盐渍土有较好的效果。如图1-15所示。

图1-14 厩肥

图1-15 堆肥

（4）沤肥

沤肥是指作物茎秆、绿肥、杂草等作物性物质与河泥、塘泥及人粪尿同置于积水坑中，经微生物厌氧呼吸发酵而成的肥料。沤肥一般作为基肥施入稻田。如

图1-16所示。

（5）沼气肥

沼气肥是指作物秸秆、青草和人粪尿等在沼气池中经微生物发酵制取沼气后的残留物。沼气肥富含有机质和必需的营养元素。沼气水肥可作旱地追肥，沼气渣肥可作水田基肥，若作为旱地基肥施后应覆土。如图1-17所示。

图1-16 沤肥设施

图1-17 沼气池

（6）天然矿物质肥

天然矿物质肥包括钾矿粉、磷矿粉、氯化钙、天然硫酸钾镁肥等没有经过化学加工的天然物质。天然矿物质肥要通过有机认证，并严格按照有机标准生产才可用于有机农业。

3. 生物肥料

（1）生物肥料的概念和作用

生物肥料是指既含有作物所需的营养元素，又含有微生物的制品，是生物、有机物、无机物的结合体，它可以代替化肥，提供作物生长发育所需的各类营养元素。生物肥料具有活化土壤、增加肥效，提高产品品质、降低有害物质累积，有效提高耕地肥力、改善土壤供肥环境，促进作物早熟等作用。

（2）生物肥料的分类

1）按作用不同分类。生物肥料可分为：生物固氮菌（如根瘤菌）、分解土壤有机物的菌剂（如有机磷细菌肥、综合细菌肥）、分解土壤难溶性矿物的菌剂（如硅酸盐细菌肥料、无机磷细菌肥料）、抗病与刺激作物生长的菌剂（如抗生菌肥料）。

2）按成分不同分类。生物肥料可分为以下两种。

①单纯生物肥。本身基本不含营养元素，而是以微生物生命活动的产物改善

作物的营养条件，活化土壤潜在肥力，刺激作物生长发育，从而提高作物产量和质量。如大豆根瘤菌、磷素活化剂、生物钾肥等。单纯生物肥不能单施，要与有机肥、化肥配合施用才能充分发挥效能。

②有机－无机－生物复合肥，也称商品有机肥。它是有机肥、无机肥、生物菌剂三结合的肥料制品，既含有作物所需的营养元素，又含有微生物，养分齐全，可以代替化肥供农作物生长发育。其具有速缓相济、供肥均衡、肥效持久等优点。如生物有机复合肥、绿色食品专用肥、生物有机复合肥等。

4. 绿肥

绿肥是用绿色作物制成的肥料，绿肥能为土壤提供丰富的养分。各种绿肥的幼嫩茎叶含有丰富的养分，一旦在土壤中腐解，能大量增加土壤中的有机质、氮、磷、钾、钙、镁和各种微量元素。每吨绿肥鲜草，一般可提供氮素 6.3 kg、磷素 1.3 kg、钾素 5 kg，相当于 13.7 kg 尿素、6 kg 过磷酸钙和 10 kg 硫酸钾。

绿肥按其来源可分为：栽培绿肥，指人工栽培的绿肥作物；野生绿肥，指非人工栽培的野生作物，如杂草、树叶、鲜嫩灌木等。

绿肥按作物学科可分为：豆科绿肥，其根部有根瘤，根瘤菌有固定空气中氮素的作用，如紫云英、苕子、豌豆、豇豆等；非豆科绿肥，没有根瘤的，本身不能固定空气中氮素的作物，如油菜、茹菜、金光菊等。

按生长季节可分为：冬季绿肥是指秋冬播种，第二年春夏收割的绿肥，如鼠茅草、紫云英、苕子、茹菜、蚕豆等；夏季绿肥是指春夏播种，夏秋收割的绿肥，如田菁、柽麻、竹豆、猪屎豆等。

按生长期长短可分为：一年生或越年生绿肥，如柽麻、竹豆、豇豆、苕子等；多年生绿肥，如鼠茅草、山毛豆、木豆、银合欢等；短期绿肥是指生长期很短的绿肥，如绿豆、黄豆等。

按生态环境可分为：水生绿肥，如水花生、水浮莲和绿萍；旱生绿肥是指旱地栽培的绿肥；稻底绿肥是指在水稻未收前种下的绿肥，如稻底紫云英、苕子等。

二、施肥方法

1. 冲施

冲施是一种将水溶性化肥溶解于水中并随水冲施的方法，旨在提高肥料的吸收利用率。这种方法因其施用方便、吸收快、肥效好而被广大农民所认可。在冲施时，需要注意以下几点。

（1）肥料选择

应选用不易挥发或挥发性较差的肥料进行地面冲施，以避免在保护地内因通风量小而聚集有害气体，导致有害气体中毒现象。

（2）肥液浓度

冲施肥的浇水量一般较大，肥料被高度稀释。施肥量不足或过大都可能导致肥效差或烧根现象。冲施时，适宜的肥液浓度对于保证肥效至关重要。

（3）浇水量

冲施时不宜大水漫灌，以避免养分随水大量流失。浇水量应能湿透根系主要分布区域内的土壤，避免肥液浓度过高发生肥害或地表盐渍化。

（4）平衡施肥

应根据作物不同的生长发育阶段平衡施肥，各种肥料交替施用，避免因单一养分过多导致作物发生生理性病害。

（5）肥料种类

只有水溶性肥料才可随水施用，如尿素、氨水、硫铵和硝铵等。磷肥因溶解后移动性差，不宜冲施。

（6）使用时期

在作物大量生长期冲施效果更佳。

冲施作为一种有效的施肥方式，通过水肥一体化的方式，不仅提高了水分的利用率，还减少了养分的流失，是一种符合现代农业发展需求的施肥方法。

2. 撒施

撒施是将肥料均匀撒于田面或撒后耕作的施肥方法。在肥料作基肥或密植作物的追肥时常用此法。作基肥施用的氮肥或腐熟的有机肥料应随施随耕耙整地，把肥料翻入土壤中，防止氮素损失，以提高氮肥利用率。撒施可以深施，也可表施（浅施）。深施就是撒种后用犁翻入土壤下层，表施可只用耙耙过即可。撒施的优点是简便，土壤各部位都有养分被作物吸收。缺点是肥料利用率不高，同时肥育了杂草；水溶性磷肥与土壤过多接触，容易被固定而降低肥效，肥料用量大。

3. 条施追肥

条施追肥一般用于未栽种作物前的农田施基肥，或在密度较高的作物生长期间无法采用深施、条施、穴施等。该施肥方法能均匀分布到土壤耕作层，有利于作物的根系早期吸收利用。条施追肥的方法是在种植作物前采用分层播种，或在作物播种后，开沟深 5～10 cm，施用后覆土。

4. 埋施

埋施是一种有效的施肥方法，适用于多种作物，通过在土壤中挖穴或开沟后施肥，再覆盖土壤，以提高肥料的利用率和减少肥效的损耗。埋施具有减少光照和温度对肥效的挥发损耗、保持土壤湿度和温度均匀、引导根系生长、提高肥效的持续性等优点。

埋施适用于多种肥料类型，包括控释肥和缓释复合型肥，这些肥料通过埋施，可以让肥料的利用率和效果明显提升。

5. 设施追肥

在施肥器中将肥料溶解，把滴灌主管插入施肥器的吸入管过滤嘴，肥料即可随浇水自动进入作物根系周围的土壤中。水肥一体化滴灌技术就属于这种施肥方法。

6. 根外追肥

根外追肥又称叶面施肥，是将低浓度的水溶性肥料或生物性物质溶液喷洒在生长中的作物叶面上的一种施肥方法。

在作物生长后期，当根系从土壤中吸收养分的能力减弱时或难以进行土壤追肥时，根外追肥能及时补充作物养分；根外追肥能避免肥料土施后土壤对某些养分（如某些微量元素）所产生的不良影响，及时矫正作物缺素症；在生长旺盛期，当作物体内代谢过程增强时，根外追肥能提高作物的总体机能。

三、施用时期

1. 种肥

种肥是指在播种或移栽时，将肥料施于种子附近或与种子混播，供给作物生长初期所需的养料。

常用作种肥的肥料有腐熟的有机肥料、腐殖酸、氨基酸固体、液体肥、微生物肥料、速效性化肥等。碳酸氢铵、氯化铵、尿素原则上不宜作种肥。

种肥的施用方法有多种，如拌种、浸种、条施、穴施或蘸根。

2. 基肥

基肥也叫底肥，是指在播种或移植前施用的肥料。它的主要作用是供给作物整个生长期中所需要的养分，为作物生长发育创造良好的土壤条件，也有改良土壤、培肥地力的作用。

作为基肥的肥料大多是迟效性的肥料，如厩肥、堆肥、家畜粪等是最常用的基肥；化学肥料的磷肥和钾肥一般也作基肥施用；化肥的氮肥，如氨水、液氨，以及碳酸氢铵、沉淀磷酸钙、钙镁磷肥、磷矿粉等化肥均适作基肥。

基肥应施到整个耕层之内，以 15~20 cm 的深度为宜。基肥可以在犁地时进行条施，或者和耕土混施，也可分层施用。

3. 追肥

追肥是指在作物生长期间为补充和调节作物营养而施用的肥料。追肥的主要作用是补充基肥的不足，满足作物中后期的营养需求。

追肥施用比较灵活，要根据作物生长的不同时期所表现出来的元素缺乏症，对症追肥。氮钾及微肥是最常见的追肥品种。追肥可以土施，也可以喷施。土施容易对作物造成机械伤害。喷施适用于紧急缺素状况，其供应养分快，但供应量不足，因此多用于需求量较少的微量元素的施用。在农业生产中，通常采用基肥、种肥和追肥相结合的施肥原则。

追肥种类比较多，大致都是根据作物不同的生育期来称呼的，如育苗肥、分蘖肥、拔节肥、孕穗肥、粒肥、叶面肥等。

四、肥效的影响因素及提高途径

1. 肥效的影响因素

（1）施肥方法

首先，耕种者普遍重视基肥的施用，却忽视了追肥的重要性，这不仅降低了肥料的使用效率，而且可能导致作物生长后期出现营养不足的情况，进而影响作物的产量。其次，由于对肥料特性的认识不足，施肥深度不够，导致化肥的利用率降低。最后，微量元素未受到足够重视，土壤中长期缺乏微量元素的补充，其含量已无法满足作物生长的需求，影响了作物的产量。

（2）肥料品种、品质的差异

在单质肥料的范畴内，不同形态的肥料适用于特定的作物以及施肥时机。例如，硝态氮肥料在多数旱地环境下表现更佳，尤其在秋冬季节相较于铵态氮肥料具有更显著的效果；氯化钾肥料则更适合水田环境以及那些对纤维含量有特殊需求的作物，而硫酸钾肥料对于那些与淀粉和糖分含量相关的作物具有更好的效果；对于含有丰富芳香物质的作物，如烟草和葱蒜类，碳铵肥料相较于尿素肥料更为适宜。

同理，原料不同的复合（复混）肥料，其适用作物和使用时间也存在较大差异。不同产地、生产工艺的单质肥料，其纯度不同，杂质含量各异，自然其使用效果也存在很大差异。例如，有些尿素缩二脲超标会引发烧叶伤苗；很多磷酸二氢钾在果实幼果期使用会导致果皮疤痕，而有些却不会，这都是因为肥料品质差异导致的。若使用不当，粉状肥料相比粒状肥料更容易伤叶。

（3）土壤情况

1）土质的差异。如沙壤土、黏土保水保肥能力差异极大，使土壤中养分出现容量差异。

2）土壤养分差异。如页岩风化土、砂土中有机质和部分中微量元素缺乏，而冲积平原土壤富含有机质，对肥料浓度高缓冲能力强。

3）土壤pH值差异，直接引起作物养分吸收障碍。例如，有些土壤盐碱度和pH值较高，铁、锌、钼等无法被吸收利用；pH值的高低还影响同期铵态氮和硝态氮的吸收。

4）连作时间的差异。有些作物连作时间太长，导致土壤中有毒、有害物质积累过多，影响作物正常生长。应该合理换茬，并配套施用微生物肥料，才会取得好的效果。

（4）水分因素

水分因素包含了土壤湿度、空气湿度、降水等。施入土壤中或叶面的养分受水分因素影响很大，如影响施肥浓度、肥料的释放速度、肥料理化性质的转变、肥料的流失等。在过于干旱的情况下，硼不易被吸收；在过涝时，铁不易被吸收；雨季施肥时易加剧肥料的流失。

（5）温度因素

一方面，温度的差异不仅会影响根系对养分的吸收，也会因气孔的开闭而影响对叶面补充养分的吸收，如春季低温时，作物根系对钙、镁的吸收很差，常常引起植株出现缺钙、缺镁的症状；高温时养分吸收得较好，易出现植株徒长现象。另一方面，温度的变化对肥料的理化性质也有很大影响，高温时流失得多，如碳铵在高温时挥发得更多。

（6）光照因素

光照不仅对肥料的理化性质有很大影响，同时对植株养分的吸收也有一定的影响。例如，强烈光照条件下，对锌的吸收影响极大，有时在生姜上可以看到白叶，这也是因为生姜对锌、铁等微量元素的吸收出现问题才产生的现象；茶叶在强光下也会出现养分吸收问题。在施用叶面肥时，因强光对叶片气孔的影响从而影响对肥料的吸收。强光往往伴随高温而引起植株失水过多，甚至导致肥害的发生。

另外，人为及机械因素导致施肥撒布不均、大气流动引起叶面施肥喷施不均、种植设施的缺陷等都容易干扰和影响肥料的利用。

2. 提高肥效的途径

（1）大力推广配方施肥技术

应根据作物的需肥规律和土壤测试结果调整氮、磷、钾和微量元素的合理用量和比例，使作物得到全面合理的养分供应，最大限度地发挥作物的增产潜力，提高经济效益。如小麦、玉米对氮、磷、钾的需要量都较大，而豆类、油菜对磷比较敏感，薯类、烟草等作物对钾比较敏感。作物对其越敏感的元素的吸收利用率越高。

（2）不同性质的土壤采用不同的施肥方法

对于砂土，磷肥全部做底肥，氮肥一半做基肥，另一半在生长发育过程中分期追肥，浇水量不能过大，避免大水漫灌后造成漏肥；对于黏土，有浇水条件的可将磷肥及2/3的氮肥做基肥，1/3的氮肥分期追肥，无水浇条件的旱地，氮磷全部做基肥；在肥沃的土壤中，要适当控制氮肥的用量，且宜早施，以防作物后期因氮肥过剩而造成贪青晚熟，要增加磷、钾肥的用量。

（3）不同的化肥品种采取不同的施肥措施

碳酸氢铵应该深施、沟施或穴施，而后覆土，切勿与碱性肥料混施；尿素可深施，若不便深施可结合中耕顺垄撒施，使肥土相融，两天后再浇水，若浇水过早，会使尿素随水流失而降低肥效；过磷酸钙应环绕作物根系穴施或开沟深施，以增加磷肥与作物根系的接触，便于吸收利用；硫酸钾做基肥要深施，以防碱土层干湿变化迅速，引起钾素的晶格固定；磷酸二铵、三元素复合肥，要开沟穴施后覆土，隔2~3天后少量浇1次水为宜。这样既可避免氮素的损失，又可减少磷、钾的损失。

（4）化肥、有机肥配合施用

化肥肥效快，有机肥肥效持久。化肥和有机肥混合施用，能够相互补充，满足作物整个生育期对养分的供应。同时，还可利用有机肥的缓冲和肥效持久的能力，来减少化肥养分的损失，从而提高化肥的利用率。

五、合理施肥原则

1. 有机肥和无机肥相结合

有机肥可有效改善土壤结构，提高土壤肥力，防止土壤板结，利于农业长期发展。但有机肥营养含量低，效果慢，不能满足某些生长营养需求大的植株。将无机肥和有机肥相互混合或者交替使用，可使二者优势互补，有效防止土壤肥力流失、挥发，调节农业生态系统中的物质能量状况，使粮食产量稳步提高。如无机的过磷酸钙肥料和有机的肥料混合使用，可在降低环境污染的同时补充土壤养分。将无机肥和有机肥相互混合时，应注意防止将酸碱性不同的肥料相互混合，以防止降低肥效。例如，磷肥与石灰、草木灰等不可混合。

2. 氮、磷、钾肥配合使用

氮、磷、钾在作物生长过程中至关重要，因此要使氮、磷、钾元素相互配合，同时对氮、磷、钾元素合理配比使用，保证作物健康生长，提高经济效益。使用时必须严格按照科学配比，一旦出错，同样会影响作物产量。

3. 大量营养元素与微量营养元素配合施用

大量元素与微量元素在作物生长过程中都起着至关重要的作用，缺乏任何一种元素都不利于作物生长。应将大量元素与微量元素配合使用，微量元素补充单纯使用大量元素无法起到的作用，可有效促进作物增产，提高作物质量和产量。

4. 基肥、种肥、追肥配合施用

基肥、种肥、追肥相互配合，既可通过深耕增加作物产量，也可为种子萌发和幼苗生长提供充分的养料，促进作物生长。在使用基肥、种肥、追肥时同样需要科学配比。基肥应选用分解较为缓慢、有效期相对长的肥料，如三元复合肥和有机肥；种肥一般选择能较快产生效果，同时有利于种子萌发的肥料；追肥大多数为氮肥。

职业模块 ❷
农业气象基础知识

培训课程 1

光照对农业生产的影响

了解光照强度对作物生长发育的影响以及光周期理论在生产中的应用。

一、光照强度对作物的影响

1. 光照强度与作物光合作用的关系

光合作用是作物生长发育和积累有机物的必要途径。作物通过光合作用将太阳能和大气中的二氧化碳转化为化学能和有机物,并释放氧气,为作物提供了生长发育所需的能量及有机物质。

光照强度对作物的光合作用起着极重要的作用。在一定的光照强度范围内,光合作用随光照强度的增加而增加,但超过一定的光照强度以后,光合作用便保持一定的水平而不再增加了,这种现象称为光饱和现象,这个光照强度就是临界点,称为光饱和点。在光饱和点以下时,随着光照强度增加,叶片中的二氧化碳含量开始不断增大,光合效率也开始相应升高。但当超过光饱和点时,光照强度再增加,光合作用强度不增加。光照强度过强时,会破坏原生质,引起叶绿素分解,或者使细胞失水过多而引起气孔关闭,造成光合作用减弱,甚至停止。

2. 光照强度对作物生长发育的影响

光照强度主要通过改变作物的光合效率进而调控作物的生长发育。根据植物学的理论,只有光照强度到达一定数值,有了一定强度的光照刺激,作物才能产生有效的光合作用,即光补偿点。当作物处于高强度光照环境(超过光饱和点)时,多余的光能会破坏作物细胞的新陈代谢,抑制作物光合作用,并对作物产生巨大的伤害。当作物处于弱光环境时，会导致叶绿体数目减少、形状变小，使作物体表现出萎蔫的现象，显著抑制作物的叶片生长，并导致植株弯曲生长。

光照强度的水平会影响作物外在形态和内在营养含量，光照强度可通过影响作物的光合作用，调控作物对微量元素的吸收和分配，并影响作物品质。适当增加光照强度可以显著提高作物的可溶性糖、碳水化合物含量和产量，有利于作物类黄酮的积累，同时可降低硝酸盐的含量，从而提高作物的品质。

不同作物对光照强度要求不同，光照过强或不足都会引起作物生长不良，产量降低，甚至出现过热、灼伤、黄化、倒伏等，导致作物死亡。因此，作物物种不同，应采取不同水平的光照强度。根据作物对光照强度的反应，可将作物划分为喜阳作物和耐阴作物。

栽培的作物多属喜阳作物，如水稻、小麦、花生、玉米、棉花和甘蔗等。由于喜阳作物的光饱和点较高，所以作物对太阳能的利用率也较高，生产潜力较大。另外，强光有利于作物果实和籽粒的生长，产品中的蛋白质、糖等含量都比较高。

耐阴作物虽然要求较充分的阳光，但同时可忍耐不同程度的荫蔽，对光照条件有较大适应性，如茶叶、烟草、人参、胡椒、生姜等。相对较弱的光照条件有利于耐阴作物营养器官的生长，作物一般较细长、嫩弱，蛋白质含量较低，水分含量较高。

二、光照时间对作物的影响

1. 光周期现象和作物光周期类型

（1）光周期现象的发现

昼夜交替及其延续时间长度对作物开花有很大影响，也会影响作物的落叶、休眠，以及地下块茎等营养贮藏器官的形成。作物对昼夜长短的反应称为光周期现象。

（2）作物光周期类型

根据光周期反应，可以将作物划分为长日照作物、短日照作物、日中性作物三类。

1）长日照作物。长日照作物是指在24 h昼夜周期中，日照时长长于一定时间，才能成花的作物。对这些作物延长光照时间可促进或提早开花，若延长黑暗时间则会推迟开花，或不能成花。属于长日照作物的有小麦、大麦、黑麦、油菜、菠菜、萝卜、白菜、甘蓝、芹菜、甜菜、胡萝卜等。

2) 短日照作物。短日照作物是指在 24 h 昼夜周期中，日照时长短于一定时间才能成花的作物。对这些作物适当延长黑暗或缩短光照时间可促进或提早开花，若延长光照时间则推迟开花或不能成花。属于短日照作物的有：水稻、玉米、大豆、高粱、紫苏、黄麻、草莓等。

3) 中性日照作物。这类作物的成花对日照时长不敏感，只要其他条件满足，在任何时长的日照下均能开花。如黄瓜、茄子、番茄、辣椒、菜豆、向日葵、蒲公英等。

许多作物成花有明确的极限日照长度，即临界日长。临界日长是指引起长日照作物成花的最短日照时长，或引起短日照作物成花的最长日照长度。长日照作物的开花需要长于某一临界日长，而短日照作物则要求短于某一临界日长。长日照作物的临界日长不一定都长于短日照作物，反之亦然。

2. 光周期理论在生产中的应用

光周期在指导引种、加速育种、控制花期、维持作物营养生长 4 个方面有很大的应用价值。

（1）指导引种

由于不同纬度与季节的光照时间不同，因此引种时要考虑两地的日照时长是否一致及作物对光周期的要求。一般同纬度地区间引种成功的可能性较大；不同纬度地区间引种要考虑品种的光周期特性。短日照作物：北种南引，开花期提早，如收获果实和种子，应引晚熟品种与感光性弱的品种；南种北引，开花期延迟，应引早熟品种，或感光性弱的品种。长日照作物：北种南引，开花期延迟，引早熟品种；南种北引，开花期提早，引晚熟品种。

（2）加速育种

通过人工光周期诱导，使花期提前，在一年中就能培育两代或多代作物，从而缩短育种时间，加速良种繁育的进程。如可以根据我国气候多样性的特点，进行作物南繁北育，利用异地种植以满足作物发育条件。

（3）控制花期

在作物栽培中，可通过缩短或延长光照时间的方式来控制开花时期，使它们在需要的时节开花。在杂交育种中，控制花期还可以解决种间或种内杂交时花期不遇的问题，使双方亲本同时开花，便于进行杂交，扩大远缘杂交范围。

（4）维持作物营养生长

对于收获营养器官的作物，开花结实会降低营养器官的产量和品质，因而需要防止或延长这类作物开花。如有些品种的甘蔗是短日照作物，可用光照来间断暗期，以抑制甘蔗开花，维持营养生长，使甘蔗茎的产量提高，其含糖量也会提高。

培训课程 2

温度对农业生产的影响

学习目标

掌握三基点温度、临界温度和农业界限温度的概念,了解温度对作物生长发育的影响,以及温度逆境对作物的危害及防御措施。

一、作物生长发育的温度要求

1. 三基点温度

对于作物的生命过程来说,都有三个基点温度(称为三基点温度),即最适温度、最低温度和最高温度。在最适温度下作物生长发育迅速且良好,在最低和最高温度时作物会停止生长发育,但仍能维持生命。当气温高于最高温度或低于最低温度时,作物开始不同程度地受到危害,直至死亡。所以在三个基点温度之外,还可以确定最高与最低致死温度指标,统称为五基点温度指标。

由于三基点温度随作物、年龄、发育期、生理状况、温度持续时间以及其他因素的影响而变化,所以它是一个温度范围。不同作物、不同生物学过程的三基点温度是不同的;同一作物不同品种或同一品种不同发育期的三基点温度也是不同的。

常见作物的三基点温度见表2-1,小麦不同发育期对温度的要求见表2-2。

表2-1 常见作物的三基点温度　　　　　　　　　　　　　　　　　单位:℃

作物	最低温度	最适温度	最高温度
玉米	8~10	30~32	40~44
小麦	3~4.5	20~22	30~32

续表

作物	最低温度	最适温度	最高温度
水稻	10~12	30~32	36~38
棉花	12~15	25~32	42~45
豌豆	1~2	30	35
烟草	13~14	28	35
大麦	5	28.9	37.8

表2-2 小麦不同发育期对温度的要求　　　　单位：℃

播种		拔节		抽穗		灌浆－成熟	
最低温度	最适温度	最低温度	最适温度	最低温度	最适温度	最低温度	最适温度
3~4.5	16~18	10	12~15	10~12	16~21	12~15	18~22

在作物的三基点温度中，常有这样的现象：①最适温度较接近最高温度，而较远离最低温度；②最高温度虽不很高，多为30~40℃，但在作物实际生长中并不常见；③在作物生长中最低温度远较最高温度常见，此外，在农业气象灾害中，发生低温危害也比高温危害的频率高。

三基点温度是最基本的温度指标，其用途广泛。在确定温度的有效性、确定作物种植季节和适宜种植与分布区域、计算生长发育速度、计算光合潜力与产量潜力等方面，都必须考虑三基点温度。

2. 临界温度与农业界限温度

（1）临界温度

临界温度，在生态学中是指生物进行正常生命活动（生长、发育和生殖等）所需的环境温度的上限或下限。生物的一切生命活动都是在一定的环境温度中进行的。一般来说，作物生长发育所要求的温度条件范围为0~50℃。环境温度若超出作物所能承受的范围，其生命活动就会出现停滞；温度过高或过低会导致作物死亡。依据作物对温度的反应，可将温度划分为致死高温区、不活动高温区、适温区、不活动低温区、致死低温区。

每种作物对温度的适应都有各自相对稳定的范围，有些物种能适应较大范围的温度变动，有些物种适应温度的范围则较小。同种生物在不同的发育阶段也会有不同的临界温度。

掌握某种作物生长发育的临界温度，就知道它的适温范围。生物生长发育的适温范围决定着它在地球上的分布范围，适温范围大，分布就广；适温范围小，分布就窄。

（2）农业界限温度

农业界限温度是指具有普遍意义的、标志某些重要物候现象或农事活动的开始、终止或转折点的日平均温度。这一概念广泛应用于农业生产中，用于指导作物种植、田间管理及农业气候区划等。常用的农业界限温度包括0 ℃、3 ℃、5 ℃、10 ℃、15 ℃和20 ℃等。

0 ℃界限温度。早春稳定通过0 ℃时，土壤开始解冻，越冬作物开始萌动，各种田间耕作等开始作业。秋季稳定通过0 ℃时，土壤冻结、冻土层稳定加厚。日平均气温高于0 ℃的持续日数称为农耕期。

3 ℃界限温度。春季日平均气温稳定通过3 ℃时，冬小麦、韭菜等作物开始返青，春小麦开始播种。日平均气温在3 ℃以上持续日数称为喜凉作物的生长期。

5 ℃界限温度。早春作物开始播种，冬小麦进入春季分蘖期，多数树木开始恢复生长。日平均气温在5 ℃以上持续日数称为生长期或生长季。

10 ℃界限温度。春季喜温作物开始播种与生长，喜凉作物开始迅速生长。日平均气温在10 ℃以上持续日数称为喜温作物的生长期。

15 ℃界限温度。喜温作物积极生长，春季棉花、花生等进入播种期。日平均气温在大于15 ℃期间称为喜温作物的活跃生长期。

20 ℃界限温度。水稻安全抽穗、开花的指标，热带作物正常生长。

各地区常针对当地具有普遍意义的重要物候现象或农事活动，确定某些补充的界限温度，如以12 ℃代表某些喜温作物播种等。

界限温度出现日期、持续日数对确定地区的作物布局、耕作制度、品种搭配等具有重要意义。统计各地各年界限温度出现日期（平均值与极端值），和在某日期前（或后）稳定通过某界限温度的可能性（频率、保证率），以及稳定通过各界限温度的日期之间的间隔日数（平均值、极端值）。通过这些资料，做地区或年代间的对比分析，可以清楚地确定某地或某年温度条件的特点及其与农业生产的关系，从而为拟定适宜的农业措施提供依据。

界限温度可用于比较分析年代间或地区间稳定通过某界限温度日期的早晚，以比较其冷暖的早晚及对作物的影响；比较分析年代间与地区间稳定通过相邻或选定两个界限温度日期之间的间隔日数，比较春季升温或秋季降温的快慢，分析其对作物的"利"与"弊"；比较分析年代间与地区间春季到秋季稳定通过某界限温度日期之间的持续日数，与无霜期指标结合，鉴定生长季长短。

二、温度对作物的影响

1. 温度对作物生长的影响

温度是影响作物生长发育的重要环境因素之一。温度高低对作物生长和产量具有重要影响。一般而言，适宜的温度可促进作物的生长，而在温度过高时，作物的气孔会关闭，限制了作物对二氧化碳的吸收以及水分的散失，导致作物体内的光合作用受到限制，从而影响作物生长。在温度偏低时，酵素活性会受到限制，进而影响作物代谢速度，减缓作物生理活动。

温度对于作物生长速度和生长周期均有影响。在适宜的温度下，作物的生长速度较快，生长周期相对较短。而在高温、低温等不适宜的温度条件下，作物生长较慢，生长周期延长，从而影响产量和品质。

（1）气温日较差对作物生长的影响

气温日较差也称为气温日振幅，是指一天中气温最高值与最低值之差。其大小和纬度、季节、地表性质及天气情况有关。

作物的生长发育需要一定的气温日较差。因为在适宜作物生长的温度范围内，白天温度高，则光合作用强，制造的有机物质多；夜间温度低，作物呼吸消耗少，有机物质积累多，作物增长快，有利于获得高产。

作物在白天与夜间生长量的大小，也与温度日变化有一定关系。如果白天温度过高而夜间温度适宜，一般以夜间生长量较多，如夜间偏凉而白天温度适宜，则白天生长量较多。

在实际生产中，虽然一定的温度日较差对于作物的良好生长是有利的，但并不是温度日较差越大越好，因此不能只看温度日较差的绝对值，而要结合作物本身特性具体问题具体分析。

（2）温度季节性变化对作物生长的影响

积温是某一时段内逐日平均温度的总和，它是研究作物生长、发育对热量的要求和评价热量资源的一种指标。在一定的温度范围内，当其他环境条件基本满足时，作物的发育速度主要受温度影响。作物完成其一定发育阶段，要求有一定的积温。作物从播种到成熟也要求一定量的日平均温度的积累，如某一作物生长的下限温度为 0 ℃，从出苗到开花需要 600 ℃·d 的积温，若生长期间日平均温度为 15 ℃时，从出苗到开花需 40 天；若日平均温度为 20 ℃，则只需 30 天。温度低则发育慢，温度高则发育快，尽管地点不同，其完成发育所要求的积温值应基本一致。

1）"宝贵高温期"的重要性。积温包括温度强度与持续时间两个因素，二者对作物的影响不同。如两地积温相等，但一地是温度高而持续时间短，另一地的温度不太高而持续时间长，这两种情况下作物不一定同时成熟，且其他方面的影响也不相同，前者的高温可能对作物产生一些危害，而后者可能不能满足喜温作物某阶段对较高温度的要求。

必要的高温期对某些喜热作物是不可缺少的，如有的水稻品种在湖北可正常成熟，而在积温相近、四季如春的云南，由于缺少夏季必要的高温则不能成熟。

2）温度变化趋势对作物生长的影响。虽两年或两地积温相等，但一为春暖夏凉，一为春寒夏暖，这两种情况对作物的生长与产量造成的影响不同。如对早春种植的豌豆来说，前者可能会使豌豆丰收而后者则可能造成减产。作物对温度变化趋势的要求，或由冷变暖，或由暖变冷，这是长期适应气候条件的结果，如温度趋势突然改变，则作物常难以适应。

2. 温度对作物发育的影响

适宜的温度是作物正常生长发育的基础。对于玉米而言，理想的萌发和出苗温度为 10~12 ℃。玉米授粉期适宜温度为 22~28 ℃，超过 32 ℃则对授粉产生不利影响；高于 35 ℃时花粉很快丧失活力，高活力花粉比例下降，会严重抑制花粉萌发，造成败育；若连续高温天气为 3~5 天，就会产生"高温杀雄"现象。

昼温与夜温可以影响棉花棉铃期长短。夜温配合光周期的长短，对作物发育也有影响。如马铃薯块茎的形成，在夜温低时块茎形成可能与日照长度无关，而夜温高时，只有在长日照下才能形成。

3. 温度对作物产量和品质的影响

温度日变化影响作物产品品质，作物不同发育期对温度日变化或极值也有一定要求和反应。如番茄从种到收的 14~18 周中：一怕霜冻，二要求从坐果到红熟的 6~9 周中夜温在 12~22 ℃（大于 12 ℃），这是坐果的重要条件，三要求果实着色时期日最低温度大于 10 ℃，日最高温度小于 30 ℃，这是果实着色的重要条件。

温度日变化还常和其他气象因素的日变化相结合，对作物产生综合的影响。如白天温度较高时，往往有较强的光照，利于光合作用。但有时由于白天蒸散耗水较多，发生水分供应不足；夜间温度较低，但无光照，蒸散也较少。在光温综合影响下,温度日较差适当大一些对作物是有利的,可增加白天制造的光合产物而减少夜间呼吸消耗,使有机物质累积较快。所以温度日较差大的地区,往往作物籽粒的粒重较大,瓜果含糖量较高,高产优质。例如,青海等地因温度日较差大,小麦的千粒重可高达60 g,甚至更高,而河北小麦千粒重一般只有30~40 g。又如,新疆的哈密瓜与葡萄因温度日较差大而香甜可口、举世闻名。

三、温度逆境对作物的危害及防御措施

1. 低温对作物的危害

低温对作物的危害包括冷害、冻害、霜冻以及寒害。

(1)冷害

1)冷害的定义与类型。低温冷害是指作物生长季内因热量不足或温度下降到低于当时作物所处生长发育阶段的下限温度,引起作物生育期推迟或生殖器官的生理机能受到损害,从而造成减产的一种自然灾害。

由于不同地区作物种类不同,或者同一作物的不同发育时期对温度条件的要求不同,因此,低温冷害具有明显的地域性。冷害主要发生在温暖季节。根据低温对作物的危害特点及作物受害的症状,冷害又分为延迟型冷害、障碍型冷害和混合型冷害三种类型,混合型冷害的危害最为严重。

2)冷害的危害。低温冷害对作物的危害是多方面的。延迟型冷害可以抑制玉米、谷子、高粱等作物根、茎、叶和分蘖的生长发育速度,导致抽穗开花延迟,以致不能在初霜来临前成熟,造成籽粒含水量大,粒重降低和减产;影响蔬菜的生长量和上市时间;推迟水稻插秧期,延迟水稻返青分蘖和穗分化。障碍型冷害危害较大的作物主要是水稻,在水稻生殖生长期遭受低温危害,成为不育空粒以致明显减产。水稻孕穗期对低温最敏感,容易引起不孕;抽穗开花期受到低温危害,会使颖壳不张开,花药不开裂,花粉不发育,妨碍授粉、受精和子房体膨大,增多空壳、秕粒。低温冷害还可导致病虫害的大发生,如有可能引发稻瘟病、玉米丝黑穗病和瘤黑粉病比历年都严重。

(2)冻害

1)冻害的定义与类型。冻害是指越冬作物、林木果树及牲畜在越冬期间因遇到0℃以下的强烈低温或剧烈变温,或温度长期持续在0℃以下,引起植株体冰冻甚至丧失生理活力,造成植株死亡或部分死亡以及牲畜冻伤或死亡的现象。冻害是由寒潮活动引起的,对农业生产来说,发生冻害不仅取决于寒潮强度及路径,

还取决于农业生产的对象和地理位置。

冻害按发生时期分为初冬冻害、严冬冻害和晚冬冻害（或初春冻害）三种类型。在南方，大致以冬至以前发生的称为初冬冻害，冬至至大寒发生的称为严冬冻害，大寒以后发生的称为晚冬或初春冻害。在北方，通常以越冬作物停止生长以前发生的冻害称为初冬冻害，越冬作物休眠期间发生的冻害称为严冬冻害，植株萌动或开始返青后发生冻害的称为早春冻害。从发生频率看，以严冬冻害发生较多。从对农业生产危害情况看，则以初冬冻害和晚冬（或初春）冻害最为严重。

2）冻害的危害。低温冻害主要是作物组织因冰冻而受害，严重时植株全部死亡，危害轻时植株虽未死亡但长势衰弱，导致减产。如严冬冻害可造成叶片枯萎，部分根系和分蘖死亡，但导致植株死亡的主要原因是强烈的低温直接冻坏了分蘖节，使其失去恢复生长的能力。

（3）霜冻

1）霜冻的定义及分类。霜冻是指发生在冬春和秋冬之交，由于冷空气的入侵或辐射冷却，使土壤表面、作物表面以及近地面空气层的温度骤降到 0 ℃以下，使作物原生质受到破坏，导致作物受害或者死亡的一种短时间的低温灾害。

按照发生时间，可以将霜冻分为早霜冻（秋季出现）和晚霜冻（春季出现）。早霜冻是指由温暖季节向寒冷季节过渡时期发生的霜冻，主要会对尚未成熟的秋收作物和未收获的露地蔬菜等造成危害。晚霜冻指的是由寒冷季节向温暖季节过渡时发生的霜冻，主要会对春播作物的幼苗及越冬返青后的作物、开花的果树等造成危害。

2）霜冻的危害。霜冻对我国粮食作物、经济作物和果树、蔬菜的危害很大。以小麦为例，小麦苗期发生霜冻一般会伤害小麦地上部分，破坏一部分叶片，减少光合产物的积累，对生长和产量有不利影响，但此时因为小麦植株的生长点还在地面以下，在叶丛的覆盖下生长点一般不会被冻死。霜冻后加强水肥管理，对最终产量的影响不会太大。小麦拔节后，生长点逐渐升高，开始了穗和花的分化，此时若发生霜冻，严重的全穗冻死，轻的抽穗有个别小穗不结实。小麦开花期抗低温能力很弱，遇霜冻会引起空壳，严重的整个穗上只有 1~2 粒种子，出现所谓"种一粒，收两粒"的情况。正处于乳熟期的小麦，遇霜冻后往往灌浆减慢，甚至停止。玉米霜冻主要发生在苗期和蜡熟期。其他粮食作物如大豆、谷子、高粱等在有的年份也会发生霜冻。棉花是喜温作物，抗霜冻能力较弱，霜害主要发生在苗期和棉桃充实期。

（4）寒害

寒害是指温度不低于零度，热带、亚热带作物因气温降低（组织未结冰）引起生理机能障碍，因而遭受损伤的一种农业气象灾害。广义的寒害把霜冻也包含在内。根据天气条件，寒害可分成平流型寒害、辐射型寒害和混合型寒害。

寒害主要危害热带、亚热带作物。从危害作物时期看，寒害发生在作物生长缓慢或停止生长期，从作物受害机理看，寒害能造成作物生理机能的障碍，严重的可导致植株死亡。从受害的时间过程看，寒害受害时间较长，一般需有两天以上的低温天气过程。

2. 高温对作物的危害

高温对农业生产对象的影响，称高温热害。高温热害在农业上通常是指高温超过作物生长发育上限温度，对作物生长发育和产量所造成的损害。主要包括作物的高温危害和果树林木的日灼等。

高温对不同作物危害的温度不一样。如盛花期是水稻的危害敏感期，连续3天最高气温≥35℃，易使开花灌浆期水稻形成高温逼熟。另外，在小麦、棉花、蔬菜生产上也有高温热害的问题。小麦的干热风就是以高温热害为主的综合气象灾害，小麦遇干热风，轻度受害时仅表现为炸芒和提前成熟，粒重略降；严重受害时，从顶端到基部失水后青枯变白或叶片卷缩萎凋，颖壳变为白色或灰白色，籽粒干瘪，千粒重下降10%~15%，且蛋白质含量也会下降。棉花在高温影响下会引起蕾铃脱落。马铃薯在温度高于26℃时，块茎即停止膨大。

3. 对逆境温度的防御措施

（1）低温危害的防御措施

1）掌握低温气候规律，调整农业布局。在安排农业生产时，应根据当地低温气候规律，选用适度抗寒、耐低温的作物品种，并确定不同作物的种植北界和海拔上限。选择充分利用气候资料的适播期和移栽期，可以避免或减轻低温的影响。

2）利用和改善小气候生态环境，增强抗御低温能力。通过人为影响，改变近地层气象条件的防御低温战术性措施（或称应急措施）。目前使用较普遍的方法如下。

①以水增温。一般用温度较高的河水，在冷空气来临时，日排夜灌和灌深水或喷水，使土壤和株间温度相对提高，以减轻低温的危害。灌水深一些，增温效果会更好。但以水增温必须考虑水源温度，以免适得其反。

②喷洒化学保温剂。将保温剂喷洒在叶面或滴入水中形成膜状，抑制水分蒸

发，减少耗热，使温度不降低或降温速度减慢。

3）开展低温危害预报。准确的低温冷害预报，对采取有效的农业生产防御措施具有重要的生产实践意义。预报最好是长、中、短期紧密结合，长期趋势预报有利于安排作物布局和品种搭配，中短期预报是为了及时采取有效的抗御措施。

4）运用综合栽培技术防御低温危害。针对本地区气候特点，综合运用品种特性、调整作物比例、改进栽培技术以及加强田间管理等措施，防御低温危害。利用塑料薄膜进行地面覆盖，能有效防御冷空气的侵袭，改善贴地层小气候条件。另外，加强田间管理，合理施肥，科学用水，使植株生长健壮，提高耕作技术水平，改进栽培措施，均能提高抗寒能力，增加产量。

（2）高温危害的防御措施

高温热害的防御措施既要从选用耐热作物和品种、改革耕作制度、调整播种期和移栽期等方面着手，也要注意采取灌溉、覆盖、遮阴等改善田间小气候的办法。也可喷洒作物生长调节剂，提高耐热性，促进恢复生长。

防御干热风有以下措施：1）生物防御措施，如营造防护林和小麦泡桐间作可降低温度，以削弱风速和减少蒸发；2）农业防御措施，选育抗干热风品种，适时合理灌溉，调节播期，使灌浆乳熟阶段躲过当地干热风盛行期；3）化学防御措施，增强小麦抗御干热风的能力，一是用氧化钙、复方阿司匹林等药剂处理种子；二是在小麦生育后期，干热风来临之前，用石油助长剂、磷酸二氢钾、矮壮素等药剂喷洒叶面等。

培训课程 3

水分对农业生产的影响

学习目标

了解作物对水分的需求特点和提高作物水分利用效率的途径，清楚作物的需水临界期和水分逆境对作物的影响。

一、作物对水分的需求特点

1. 水与作物生长及产量的关系

水资源是农业生产中不可或缺的要素，对于农作物的生长和发育起着至关重要的作用。水是作物生长的基本需求之一，农作物在生长的过程中需要充足的水分来维持正常的生理活动。水是构成作物细胞的重要组成部分，是很多物质的溶剂，它能维持细胞和组织的紧张度，使作物器官处于直立状态，以利于各种代谢的正常进行。水还是作物光合作用、蒸腾作用和营养物质运输的重要媒介。此外，由于水有较大的热容量，当温度剧烈变动时，能缓和原生质的温度变化，以保持原生质免受伤害。同时，水是连接土壤—作物—大气这一系统的介质，水在吸收、输导和蒸腾过程中把土壤、作物、大气联系在一起。对于作物生产来说，水的收支平衡是高产的前提条件之一。水是通过不同形态、数量和持续时间三方面的变化对作物起作用。

适量的水分能够促进农作物的营养吸收、光能转化和物质代谢，进而提高农作物的光合速率和生物产量。如果水分供应不足，农作物的生长发育就会受到抑制，造成产量大幅减少。应根据作物的需水量，采取合理的灌排措施，调节作物与水分的关系，以满足作物对水分的需求，这是取得高产、优产的重要措施之一。

2. 作物的需水量和需水临界期

（1）作物需水量

1）作物需水量的概念。作物需水量是指作物在适宜的土壤水分和肥力水平下，经过正常生长发育，获得高产时的植株蒸腾量和棵间蒸发量之和，即所谓的"蒸发蒸腾量"。

不同种类的作物，其本身形态构造和生长季节不同，对水分的需求量也不相同。凡生长期长，叶面积大，生长速度快，根系发达的作物，需水量相对较大，反之需水量较小。同一作物不同品种的需水量也不一样，同一品种在不同种植条件下需水量也存在差异。

2）影响作物需水量的因素。

①气象条件。降水量、温度、相对湿度等气象因素对作物需水量有着重要的影响。一般大气干燥、气温高、风速大、蒸腾作用强，作物需水量多；反之则需水量少。

②种植结构。作物需水量不仅受气候变化和生产技术提升的影响，同时也受到种植规模、种植结构的调整等的影响。

③土壤条件。土壤肥沃或经施肥后，作物生长良好，干物质积累多，而水分蒸腾并不相应增加，因此需水量要比在瘠薄土地上种植少些。土壤中缺乏任何一种元素均会使需水量增加，尤以缺磷和缺氮时需水量最大，缺钾、硫、镁次之，缺钙的影响最小。

（2）作物需水临界期

作物需水临界期是指农作物在其生长发育的不同时期对水分的敏感程度不一样，其中对水分最敏感的时期，即由于水分的缺乏或过多对产量影响最大的时期。需水临界期是一个相对的概念，它只是说明作物在这个时期比其他时期更需要水，对水分的反应更为敏感，而不是说在其他时期就可以缺水或多水，且需水临界期不一定是作物需水量最多的时期，而仅是水分对产量影响最大的时期。

不同作物的需水临界期不同，但基本处于营养生长即将进入生殖生长的时期。一般作物的需水临界期与花芽分化的旺盛时期相关联（见表2-3）。另外，不同作物与品种，其临界期长短不相等。临界期越短的作物和品种，适应不良水分条件的能力越强；临界期越长的作物和品种，适应能力越差，易遇上不良水分条件的危害。掌握作物需水规律，是做好水分管理的重要依据。应弄清楚作物不同时期需水的规律，掌握本地降水与土壤水分随季节变化的动态，并将苗情与水分逐段对应分析，以鉴定作物的水分供应状况，提出相应的措施。

表 2-3 常见作物的需水临界期

作物	临界期	作物	临界期
冬小麦	孕穗到抽穗	大豆、花生	开花
春小麦	孕穗到抽穗	向日葵	花盘形成到开花
玉米	"大喇叭口"期到乳熟	番茄	结实到果实成熟
水稻	孕穗到开花（花粉母细胞形成）	高粱、谷子	孕穗到灌浆
棉花	开花到成铃	瓜类	开花到成熟
马铃薯	开花到块茎形成	甜菜	抽薹到开花始期

作物的需水临界期出现旱害将影响作物的发育和产量。小麦、水稻的需水临界期多是在生殖器官形成期，这时期缺水将影响小花分化，进而影响其产量。玉米的需水临界期主要发生在抽雄前"大喇叭口"时期，此时若遇干旱，将直接影响到雄花的正常发育。其他作物（如棉花、高粱、薯类等）的需水临界期若遇干旱，则会影响高粱的灌浆，造成棉花的蕾铃脱落，薯块也不能正常膨大。谷物作物灌浆成熟期若遇旱害将造成粒重降低，作物播种期若遇旱害，将造成缺苗断垄。

二、水分逆境对作物的影响

1. 干旱对作物的影响和作物的抗旱性

（1）干旱对作物的影响

水是作物的重要组成部分，在作物的生命活动中起着十分重要的生理作用。干旱危害是因作物的水分平衡遭到破坏所致。作物水分平衡遭到破坏的外部标志是作物出现萎蔫现象，萎蔫可分为暂时萎蔫和永久萎蔫两种。

当土壤有效水分低到一定程度时，由于中午前后气温高，相对湿度小，太阳辐射强，作物蒸腾量大，根系吸收的水分补偿不了蒸腾的支出而发生萎蔫，但到了下午或晚上，作物又恢复正常，这种萎蔫叫作暂时萎蔫。作物出现暂时萎蔫时，害处虽然不大，但由于萎蔫时整个植株体的光合作用和生长都大大减弱甚至陷入停滞状态，因此会对产量形成产生不良影响。

当土壤中有效水分的含量很小时，作物不但会在中午萎蔫，即使在晚间也不能恢复常态的现象，则称为永久萎蔫。萎蔫是作物对干旱的适应性反应。当作物因缺水出现萎蔫时间过久，特别是永久萎蔫时，将导致作物死亡。

（2）作物的抗旱性

作物抗旱性是指作物对干旱环境的适应或抗御能力，由于陆生作物经常受到干旱威胁，在长期适应进化中形成各种抗旱机能。

不同作物抗旱能力不同。在发生干旱时，抗旱能力强的作物受旱较轻，而抗旱能力弱的作物受害就严重。水稻的抗旱能力很弱，陆稻次之，小麦、大麦、燕麦、黑麦、胡麻和花生的抗旱能力较强，高粱、甘薯、糜子、谷子和马铃薯等被认为是抗旱能力很强的作物。一般根系发达、扎根深、根冠比值大的作物抗旱力强。同一作物不同品种，抗旱能力与根系也有关。另一方面，叶片角质化程度高或蜡质层厚、茸毛多的作物抗旱能力强，尤其对大气干旱有较强的抵抗能力。抗旱的作物（品种）不但在干旱期间能够生存，更重要的是能够形成较高的产量。

2. 涝灾危害对作物的影响

涝灾危害包括洪水造成的机械损伤（如撕破叶片、折断茎秆以致全株倒伏）和水分过多对农作物造成的生理机能的破坏。

当土壤中的水分过多时，对旱田作物根系生长及生理机能的发挥会产生不良影响，进而波及地上部分，造成全株生长不良，出现植株生长矮小、叶黄化、根尖变黑、烂种等症状。一般来说，当土壤中65%~70%的孔隙充满水分时，作物根变细，扎根浅，根毛显著减少，根系发育不良，地上部软弱，易倒伏。当土壤孔隙全部被水充满时，空气完全被排出，根对离子吸收活性降低，吸收和利用水肥的能力大大降低，地上部叶片的叶肉黄化，严重时叶片自上而下逐步萎蔫，然后枯黄脱落。淹水时，土壤中厌气性微生物活动加强，大量积累二氧化碳，根系活细胞的原生质在高浓度的二氧化碳下会受害。特别是在有机质丰富的土壤中，在温度较高的季节里，有害的还原物质和氧化亚铁、硫化氢、醋酸、乳酸等有机酸大量出现，会直接毒害根系，影响根系正常生命活动，造成生理障碍，以致死亡。

3. 水污染对作物的影响

农作物的生长离不开水，但引用含有毒、有害物质的污水直接灌溉农田，不但污染农田土壤，使土壤肥力下降，导致土壤原有的良好结构被破坏，而且会造成农作物品质降低减产，甚至绝收。尤其是在干旱、半干旱地区，引用污水灌溉，在短期内可能出现作物产量提高的现象，但往往会在作物中积累超过允许含量的重金属等有害物质，通过食物链会危害人畜健康。

（1）有机物污染对作物的危害

农田中灌溉被有机物污染的水后，污水中的有机物会迅速分解，消耗大量的氧气，生成氢、甲烷等气体及醋酸、丁酸等有机酸和醇类等中间产物，对水稻等作物产生毒害，抑制作物的养分吸收和代谢，导致减产。

（2）氮污染对作物的危害

含有一定氮元素的化工业废水进入农田后，会对农作物造成氮过量危害，使作物营养失调，易发生病害、倒伏，抗逆性差，从而使作物减产、品质恶化。

（3）油污染对作物的危害

污水中的各种矿物油和动植物油进入农田，对作物有直接危害并能引起土壤障碍。灌溉了被油污染的水，水田的水面上会漂浮一层油膜，水稻组织浸在油层中，油分子渗入组织，使其呈半透明状态，因而导致其体内水分代谢发生障碍，叶尖慢慢卷曲，数日后低位叶尖端变成褐色，心叶变成黄白色，严重时使植株枯萎。

（4）酸碱污染对作物的危害

含酸废水进入农田后，可使土壤表面呈赤褐色，使水稻吸收铁过多，从而产生营养障碍。水稻受碱性危害时，地上生长部分会受到抑制，引起一系列的缺锌症状，导致生育停滞，叶色赤绿，叶片出现赤枯状斑点。

（5）盐污染对作物的危害

含盐量高的废水对作物的危害主要由高浓度的盐分所造成，氯化钠是最常见的一种。以水稻为例，灌溉高浓度的含盐污水后，水稻叶片在短时间内就会失水，导致干枯死亡。如果含盐污水的浓度较低，首先表现为叶色变浓，接着下部叶片枯萎，分蘖受到抑制。生长期受低浓度盐污水影响时，稻根会逐渐变成黑色且腐烂。

（6）酚污染对作物的危害

酚对农作物的影响非常大，高浓度酚可以使作物的植株变矮，根系变黑，叶片狭小，叶色灰暗，阻碍作物对水分、养分的吸收，同时还会影响农作物的光合作用，使作物的产量大幅降低，严重时颗粒无收。高浓度的酚还可以在作物体内停留，使产品的味道发生改变，带有一股异味，严重影响产品品质。

（7）重金属污染对作物的危害

含有重金属的废水主要对作物根部造成影响，进而引起植株减产。以水稻为例，在灌溉含有重金属的废水后，水稻新根伸长受到抑制，主根尖端发生枝根，根系呈带刺的铁丝网状。当重金属浓度较高时，作物叶片也会迅速卷曲，同时呈现青枯症状，受害严重的植株还有可能枯死。

三、提高作物水分利用效率

1. 水分利用效率

水分利用效率是指在田间，作物蒸散消耗单位质量水所制造的干物质量。水分利用效率是反映作物生产过程中的能量转化效率，衡量作物产量与用水量关系的一种指标，也是评价水分亏缺下作物生长适宜度的综合指标之一。

2. 提高水分利用效率的途径

（1）灌溉

灌溉的时期与方式对水分有效利用率的影响很大，在作物水分临界期灌溉比其他时期灌溉收效更高。例如，若玉米在吐丝到雄穗发育4~8天缺水，则会造成减产40%，此时灌水增产效果最明显。生长期少雨年份增加灌溉次数，多雨年份适当少灌，可以提高水分利用效率。另外喷灌、滴灌、暗灌、沟灌都比漫灌节水。

（2）种植方式（密植、行距与行向等）

在土壤水分充足时，高粱、玉米适当密植与缩小行距有利。而土壤缺水时，窄行距利用水分比较经济。在相同密度下，东西行向种植玉米的水分消耗明显比南北行向多，水分利用效率低，但东西行向与南北行向总产量无明显差异。

（3）风障

一般情况下，风障不改变作物水分的有效利用率。但在大风时，防护林、风障能减小作物气孔阻力，减少湍流交换，从而使障内水分消耗明显减少，作物水分利用效率有效提高。

（4）覆盖与染色

小面积使用覆盖物可减少蒸发。例如，地膜覆盖不仅能提高地温，而且可以大大减少土壤蒸发，保存土壤水分，使土壤中的有效水分能较长时间供给作物，从而大大提高了水分的有效利用率。另外，通过在作物表面喷商品染色剂或在地面涂抹染色剂，可以增加反射率，减小辐射差额，从而减少水分消耗。

（5）作物种类的选择

人们根据光合作用碳素同化的最初光合产物的不同，把高等作物分成三类。

1）C_3作物。光合作用中同化二氧化碳的最初产物是3-磷酸甘油酸（三碳化合物）的作物被称为C_3作物，这种反应途径称C_3途径。例如，水稻、小麦、棉花、大豆等大多数作物都属于C_3作物。

2）C_4作物。光合作用中同化二氧化碳的最初产物是草酰乙酸（四碳化合物）

的作物被称为 C_4 作物，这种反应途径称 C_4 途径。例如，甘蔗、玉米、高粱等都属于 C_4 作物。

3）CAM 作物。二氧化碳同化方式与 C_4 作物类似，只是晚上吸收二氧化碳，白天利用晚上固定的二氧化碳进行光合作用的作物。例如，仙人掌、菠萝等都属于 CAM 作物。

无论干湿条件，C_3 作物比 C_4 作物的蒸腾量大。高粱（C_4 作物）水分有效利用率是大豆的 3 倍。

此外，合理施肥、应用抗蒸腾化学剂、搞好水利基本建设等对提高水分有效利用率也非常重要。

培训课程 4

空气对农业生产的影响

学习目标

了解作物与大气环境的关系,以及风速对作物的影响。

一、作物与氧气的关系

1. 作物的呼吸作用

呼吸作用是指作物吸收氧气,将有机物分解成二氧化碳和水,同时释放能量的过程。呼吸作用是高等作物的重要生理功能,其对作物的生命活动具有重要意义。呼吸作用能将作物体内的物质不断分解,提供作物体内各种生命活动所需的能量,合成重要有机物质的原料,还可增强作物的抗病力。

呼吸作用与农产品贮藏之间有着密切关系。粮食、果实、块茎等农产品都是有生命的有机体,在贮藏中仍不断进行呼吸作用。如果呼吸作用旺盛,就会引起农产品内有机物质大量消耗,呼吸散出的水分和热量也会使湿度增大、温度增高,促使呼吸作用加强,如此形成恶性循环,最终导致农产品腐烂变质。因此,在贮藏农产品时,必须抑制呼吸作用,做到安全贮藏。

2. 氧气与作物的呼吸作用

呼吸作用按照其需氧状况,可分为有氧呼吸和无氧呼吸两大类型。在有氧条件下,有机物质被逐步氧化、分解,最后生成二氧化碳和水,放出能量,这种呼吸作用称为有氧呼吸。另一种是在缺氧条件下,有机物质被酶催化分解,产生酒精和乳酸,并释放出能量,这种呼吸称为无氧呼吸。在正常情况下,有氧呼吸是高等作物进行呼吸的主要形式,无氧呼吸则是作物对缺氧状况的一种适应。

氧是呼吸作用中有机物质氧化分解的必要条件，降低空气中氧气含量能显著抑制呼吸作用。当氧浓度稍低于正常含量（占空气的1/5）时，发芽种子和幼苗的有氧呼吸就会减弱；当空气中氧气浓度低于20%时呼吸速率开始下降；浓度低于10%时，有氧呼吸会明显减弱，并出现无氧呼吸；当空气中的氧气浓度低于5%时，有氧呼吸基本上被无氧呼吸所取代，种子和幼苗的有氧呼吸停止。作物地上部分与空气接触，一般不会因为氧气的不足而影响呼吸作用。但作物地下部分，常因土壤中含水过多或板结，造成氧气不足，影响根的呼吸作用，使根系生长不良，吸收能力减弱，从而影响地上部的生长。

在氧浓度低时逐渐增加氧浓度，无氧呼吸会随之减弱，直至消失。无氧呼吸停止进行时的组织周围空气中最低氧含量称为无氧呼吸的消失点。水稻和小麦的消失点约为18%，苹果果实的消失点约为10%。在组织内部，由于细胞色素氧化酶对氧气的亲和力极高，当内部氧浓度为大气氧浓度的0.05%时有氧呼吸仍可进行。

随着氧浓度的增高，有氧呼吸增加，此时呼吸速率也会增加，但氧浓度增加到一定程度时对呼吸就没有了促进作用，此时的氧浓度称为呼吸作用的氧饱和点。在常温下，许多作物在大气氧浓度（21%）下即表现为饱和。一般情况下，随着温度升高，氧饱和点也会随之提高。氧浓度过高对作物有害，这可能与活性氧代谢形成自由基有关。

二、作物与二氧化碳的关系

1. 田间二氧化碳浓度的变化和二氧化碳的平衡

（1）田间二氧化碳浓度的变化

田间二氧化碳浓度是影响农田生态系统碳循环和碳交换的主要决定因素。田间二氧化碳浓度是作物光合作用与呼吸、土壤呼吸、人为活动碳排放和天气状况变化等多因素共同影响的结果。

田间二氧化碳浓度在年内和年际间波动较大，年际间整体表现为逐年升高的趋势。白天二氧化碳浓度主要受作物光合作用、土壤呼吸和人为活动碳排放影响。一般作物生长季节，田间二氧化碳浓度较低，非作物生长季节较高。作物群体内的二氧化碳浓度，午夜和凌晨很高，日出之后逐渐下降，接近中午时降至最低，日落之后又逐渐升高。午夜和凌晨，越接近地面，二氧化碳浓度越高。白天也表现出作物群体下部二氧化碳浓度大于作物群体上部与中部的现象。

（2）二氧化碳平衡

二氧化碳是作物通过光合作用制造有机物的主要原料。作物在光合作用过程中吸收二氧化碳，又通过呼吸作用释放出二氧化碳。研究表明，作物产量随二氧化碳浓度的增加而提高。但是，二氧化碳浓度并非越高越好，当二氧化碳浓度达到一定限度时，光合速率开始下降，此时的二氧化碳浓度称为二氧化碳饱和点。

田间二氧化碳在浓度充足的情况下，作物常表现为：植株生长健壮，叶绿素含量高，叶色深绿有光泽；开花早，雌花多，落花落果少；产品品质好，上市早、产量高。在二氧化碳浓度缺乏的情况下，作物常表现为：叶色暗、无光泽，叶面凸凹不平，植株长势差；开花晚，雌花少，花果脱落多；异形果多，上市一般晚2～3天，产量低优质果品少。在二氧化碳浓度过高时，常引起蔬菜作物叶片卷曲，叶片细胞内的叶绿素由于淀粉积累过多而严重变形，影响光合作用的正常进行；严重时出现凋萎，同时叶片中灰分、钾、钙、镁和磷等营养元素的含量降低，可能诱发相应的营养元素缺乏症；影响作物对氧气的吸收，因不能进行正常的呼吸代谢作用而影响正常的生长发育，促进衰老过程等。因此，田间二氧化碳浓度对作物的生长和产量影响极大。

2. 二氧化碳浓度与作物产量

从二氧化碳浓度与光合作用的一般关系来说，光合作用在低光强下受光的限制，在高光强下受二氧化碳的限制。如果田间二氧化碳浓度下降到空气中正常含量的80%，对作物的光合作用将有明显不利影响。在高产栽培的作物地里，当光合作用旺盛时，常会出现二氧化碳浓度不足的问题。二氧化碳浓度不足，会导致光合效率下降，光合产物减少。因此，人为增加空气中二氧化碳的浓度，可以提高光饱和点，也能够不同程度地提高产量。

提高二氧化碳浓度对所有经济作物和食用作物都有增加生长量与产量的效果，但不同作物反应不同。一般 C_4 作物（如玉米、高粱等）反应中等，而 C_3 作物（如多数麦类、水稻、大豆、棉花等）反应明显。C_3 作物无论是在弱光下还是在强光下，光合作用均能得到促进，因此树木底层受荫蔽的作物、群体过密的作物都能增加产量。增加大气中二氧化碳浓度，作物的块茎是受益最大的，其次是籽粒。

试验证明，在温室中增施二氧化碳，如喷洒碳酸盐类、施固体干冰与含二氧化碳的冰等，均可有明显的增产效果。见表2-4。

表2-4 增加二氧化碳浓度对不同作物的增产效果　　单位：mg（CH_2O）n/（$dm^2 \cdot h$）

作物	二氧化碳浓度正常	二氧化碳浓度提高
玉米、高粱、甘蔗	60～75	100
小麦、大麦、燕麦	30～35	66
水稻	40～75	135
棉花	40～50	100
大豆、甜菜	30～40	56
黄瓜、番茄	20～35	50
葡萄、柑橘	10～20	40

三、作物与氮的关系

氮是大气中含量最多的气体，是地球上生命体的基本成分，并以蛋白质的形式存在于有机体中。氮是一种不活泼的气体，大气中的氮不能被作物直接吸收，一般通过两种途径转化为氨态氮，从而被作物吸收利用。一种是共生固氮，一种是闪电。

共生固氮即作物通过与其共生的固氮微生物固定并利用空气中的氮素。生物固氮对自然界的氮循环有着十分重要的意义。根瘤菌固定的氮只占豆类作物需氮总量的1/4～1/2。可以通过栽培措施促进或抑制根瘤菌固氮。一般情况下，加强光照、稀植、单作、施有机肥等可以促进根瘤菌固氮，而遮阴、与高秆作物间作、密植、施无机肥等将抑制根瘤菌固氮。自然界中除了根瘤菌和豆科作物的共生固氮作用外，还有其他的共生固氮体系，其中主要有放线菌和非豆科作物的共生、蓝细菌（蓝藻）和作物的共生等。目前，已有报道的结瘤固氮的非豆科作物共有7个科（桦科、木麻黄科、鼠李科、蔷薇科、杨梅科、马桑科、胡颓子科），15个属，160种。这一类属自然固氮的生物固氮。

大气中的闪电可将氮、氧结合起来，形成氮氧化物并随着降水进入土壤，进一步转化为铵态氮，被作物吸收利用。一次闪电能生成80～1500 kg的一氧化氮。

尽管地球大气层中约78%是氮气，但只有极少数作物具有固氮能力，而绝大多数作物只能通过自己的根系吸收养分。氮是作物的一种重要营养物质，是叶绿素的成分，与光合作用密切相关。作物缺氮会出现生长缓慢、瘦小、直立；叶片色泽呈浅绿或黄绿，叶片从下而上黄化，黄叶提早脱落；茎秆细瘦，根量少、细长而白；侧芽呈休眠状态或枯萎；花和果实少，成熟提早，产量和品质下降等症状。因此，在作物生长期间应提供充分的氮元素。而土壤在自然状态下常常缺乏氮元素，因此就不得不在农田里施放人造肥料。

四、大气环境与作物的关系

大气是由一些永久气体、水汽、雾滴、冰晶和尘埃等物质混合组成的，这种混合物一般分为三类：干洁大气、水汽和气溶胶粒子。不含水汽和气溶胶粒子的混合空气称为干洁大气，干洁大气平均分子量保持在28.966，其主要成分是氮气，约占78%，氧气约占21%，第三位是氩气，占0.9%，其他气体加在一起仅占0.1%。其中，除二氧化碳、臭氧和一些微量气体在时间和空间上有些改变外，干洁大气成分的比例基本不变。大气环境中，对作物影响最大的气体成分是氧、二氧化碳和氮。大气环境对作物的影响如下。

1. 温室效应

温室效应是指大气吸收地面长波辐射之后，也同时向宇宙和地面发射辐射，使地面保暖增温的现象。温室效应主要由大气中的二氧化碳、甲烷、一氧化二氮等气体含量增加引起。二氧化碳、甲烷、一氧化二氮使地区间的气候差异变大，气温上升，降水量分布发生变化，一些地区雨量明显减少；二氧化碳浓度增加，作物和野草的产量提高，使栽培作物与野生作物间的竞争加剧，致使杂草防治更加困难；温室效应导致气温和降雨量发生变化，影响作物病虫的发生、分布、发育、存活、迁移、生殖、种类动态等，加剧病虫害的发生。

2. 臭氧

臭氧是二氧化氮在太阳光下的分解产物与空气中分子态氧反应的产物。高浓度的臭氧是危害作物的主要气态污染物之一。有研究表明，臭氧浓度较高时，会影响作物生理过程的代谢途径，引起作物生长缓慢、早衰、产量降低。臭氧浓度增加与作物减产率呈成正相关。

3. 酸雨

酸雨是指pH值<5.6的大气酸性化学组分，通过降水等气象过程进入到陆地、水体的现象。酸雨使作物受到双重危害，落地前首先影响叶片，落地后则影响作物根部。对叶片来说，酸雨主要是破坏叶面蜡质，淋失叶片养分，破坏呼吸作用和代谢，引起叶片坏死。对处于生殖生长阶段的作物，则会缩短其花粉寿命，减弱其繁殖能力，以致影响作物产量和品质。酸雨还会降低

作物的抗病能力，诱发病原菌对作物的感染，抑制豆科作物根瘤菌的生长和固氮作用。

4. 二氧化硫、氟化物、氮氧化物

二氧化硫、氟化物、氮氧化物是大气污染的主要气体成分，可对作物产量、品质和生长发育造成直接或间接的影响。二氧化硫和氟化物的长期或急性毒害，可引起作物叶片出现焦斑，使植株生长缓慢，产量降低。氮氧化物含量过高可导致作物群落发生变化而影响作物生产。氮氧化物还是酸雨的组成成分，可与空气中分子态氧反应形成臭氧。

五、风速对作物的影响

风是一种自然现象。温和的风可以帮助作物进行气体交换，促进光合作用，加速水分的蒸发等，从而有利于作物的生长，而强风则会对作物造成一定影响。

1. 风对作物的有利影响

（1）调节农田小气候

湍流交换速度与风速关系密切，风通过影响农田湍流交换强度，对空气的各种物理属性——热量、动量以及水汽、二氧化碳等组成成分的输送产生影响，从而调节农田小气候环境。风速增加时，可使农田空气湍流运动增强，地面和空气的热量及水分等的交换加快，土壤蒸发和作物蒸腾增加，空气中二氧化碳等成分的扩散与输送能力提高，作物内部的空气不断更新，对农田冠层内部温度、湿度及二氧化碳浓度起到重要的调节作用，从而影响作物的生长发育。

（2）调节光合作用

低风速条件下，光合作用强度随风速增大而增强，达到一定限度后，光合作用强度反而下降。通常情况下，微风（三级风，风速 4 m/s 左右）吹拂对作物的生长发育较为有利，此时既有利于光合作用碳底物的供应，又使光合有效辐射以闪光的形式合理分布到叶层中，使作物群体内部通风透光，使光合作用保持在较高的水平。

（3）调节蒸腾作用

风对作物蒸腾作用的调节，不仅在于风可以改变大气中水蒸气的浓度，还能通过调整叶片气孔运动，使叶片气孔下空间的水蒸气浓度发生变化，以此改变作物散失水分的动力，从而改变叶片水分扩散阻力。遇风速适宜，还可提高作物的蒸腾速率。

（4）其他

自然界中的许多作物是借助风的力量进行异花授粉和传播的。风速的大小会影响授粉效率和种子传播距离，从而对作物的繁衍和分布产生较大影响。

农业生产中风能帮助异花授粉作物（如玉米）进行授粉，增加结实率，提高产量。在作物（如油菜）开花时，风能散播花的芳香，招引昆虫传授花粉。风还能传播种子，如杉树种子可利用风力传播到远处，扩大繁殖生长区域。

2. 风对作物的不利影响

（1）风害

风害是指风对农业生产造成的危害。直接危害主要是造成土壤风蚀沙化、对作物的机械损伤和生理危害，同时也会影响农事活动和破坏农业生产设施。间接危害是指传播病虫害和扩散污染物质等。风害程度不仅取决于风的强度，也因风向、刮风时间、天气状况及地形条件等而不同。对农业生产有害的风主要是台风、季节性大风（如寒潮大风）、地方性局地大风和海潮风等。伴有低温（如寒露风）、暴雨（如暴风雨）、干旱与高温（如干热风）的风害则是多因子叠加的结果。

风力一般在6级以上就可对作物产生危害。风速≥17 m/s（8级以上）的风称为大风，它对农业生产危害很大。大风可加速作物蒸腾，使其耗水过多，造成叶片气孔关闭，光合强度降低。在北方，春夏季大风可加剧作物的旱害，冬季大风可加重越冬作物的冻害。强风可造成林木和作物倒伏、断枝、落叶、落花、落果和矮化等，从而影响其生长发育和产量。水稻开花期前后受暴风侵袭而倒伏所造成的减产是很严重的。

风能传播病原体，引起作物病害蔓延。风还能帮助一些害虫迁飞，扩大危害范围。例如，黏虫、稻飞虱等害虫，每年春夏季节随偏南气流北上，在北方繁殖，扩大危害区域；入秋后就随偏北风南迁，回到南方暖湿地区越冬。作物枝叶受风危害，病原体可从机械损伤的伤口侵入并有利于害虫寄生，会对作物造成危害。风还会传播杂草种子，扩大繁殖区。

（2）风沙害

风沙害是指风沙造成的危害。风沙能埋没农作物、侵蚀土壤、降低土壤肥力、淤塞水库和水井等。作物长期遇土壤风蚀，会使根系暴露，从而影响作物生长发育，最终影响产量。风沙分为扬沙和沙尘暴两种。扬沙是由大风将地面尘沙吹起，使空气能见度降为 1~10 km，尘土和细沙在空中分布较均匀。沙尘暴是强风将大量沙尘吹到空中，使空气能见度不足 1 km，其危害范围通常要比扬沙大得多。

风沙害的危害程度因作物生长发育的不同阶段而异。如高粱、冬小麦和大豆出苗后 7~14 天遭受风沙侵害，作物干物质损失最严重；出苗 7 天以内的小苗，因其依靠子叶或胚乳的养分（异养）供养，故影响较小；当作物长大以后受到风沙侵害，由于总叶数增多，叶片彼此有较好的保护作用，也可使其受到的影响减小。风沙还可使作物发育延迟，如可使冬小麦抽穗期延迟 3~7 天，大豆初花期延迟 7~14 天。

培训课程 5

农业技术措施的小气候效应

学习目标

了解耕作措施、栽培措施及覆盖的小气候效应。

一、耕作措施的小气候效应

在农田实施不同耕作措施后,土壤和地表的性质及结构都会在一定时间内发生变化,从而改变农田中的小气候条件,产生特有的耕作措施小气候效应。运用合理的耕作措施,调节土壤的水、热状况,为作物提供良好的耕层条件,对于用地养地和提高作物产量有着重要意义。

1. 翻耕与镇压

(1) 翻耕

翻耕可使表土疏松,反射率降低,吸收辐射量增加,土壤孔隙度增大,空气含量增多,土壤热容量和导热率趋小,从而使土壤和近地面层空气温度变化剧烈。其对温度的影响,随季节和昼夜的变化而有不同。一般是白天温度高而夜间温度低,日较差大。低温季节,上土层有降温效应,下土层有增温效应;高温季节,上土层有升温效应,下土层有降温效应。在旱季,土壤翻耕后,可减少下层土壤水分的损失,减缓土层的蒸发强度,抑制土壤水分消耗,所以,翻耕表层土壤有散湿的作用,而对深层土壤则具有明显的保墒效应。但是在雨季,土壤处于湿润状态时,翻耕影响上层的土壤湿度比下层大,透水性和持水能力都强,与未翻耕土地相比,在一定的时间内翻耕层以下的土壤湿度相对较高。为了尽量把降水保蓄下来,应采取适当翻耕措施,如在作物的行间中耕以及休闲地的伏耕都能起到保存底墒的作用。

（2）镇压

镇压的小气候效应恰与翻耕相反，它使土壤紧密，增加地面对太阳辐射的反射率，减小太阳辐射接收，故可明显降温保墒。又因镇压会使土壤热容量、导热率增大，土壤中的热量向上输送，从而使夜间地表降温减缓。因此，镇压在白天有降温效应，在夜间有增温效应。土壤热交换的日总量相对较高，土壤温度变幅减小。镇压使表层土壤孔隙度减小，使土壤容重增大，毛管作用加强，因此，土壤上层水分有所增加，有提墒作用，对作物生长有利，常作为抗旱播种的一项有效措施。但镇压时要考虑天气条件和土壤本身的状况。一般疏松的土壤宜于回暖天气下进行镇压，而偏黏的土壤宜于寒潮侵袭时进行镇压，黏土甚至可不用镇压，否则就达不到镇压的增温效应。

2. 垄作

实行垄作可改变地表几何形状，增厚疏松土层，改善通气条件，增强排水能力。垄作的农田土壤水分不易上升，土壤表层变干，蒸发量减少，热容量减小，辐射增热和冷却都更加剧烈，使土壤温度的日较差变大。一般在高温时段，垄作可起增温作用，在低温时段可起降温作用。垄上疏松的土壤表层在降水多的时期对排泄田间径流、降低土壤湿度也有较大作用。土壤表层的湿度虽相对较低，下层却保持了较多的水分，土壤湿度相对较高。

垄向、垄高和垄面倾角的温度效应随日照时数、太阳辐射总量以及纬度和季节的不同而有相应的变化。白天，一般南北垄的温度高于东西垄；南北垄的东侧和西侧平均温度没有差别，而东西垄的南侧温度高于北侧。此外，垄作还可以改善光照和通风条件。

二、栽培措施的小气候效应

1. 种植行向

作物种植行向不同，株间的受光时间和辐射强度都有差异。夏半年沿东西向行间的照射时间比沿南北向行间的照射时间长，并且东西向行间的透光率，除中午前后一段时间，由于行与行之间因遮蔽作用比南北向行间的透光率低以外，其他时间行间各层的透光率均比南北行向要高。东西向的行间气温和土温要比南北向行间的高。冬半年沿南北向行间的照射时间比沿东西向行间的照射时间长，透光率要高，故土温、气温也高。因此，对于种植行向的太阳辐射及其热效应来说，高纬度地区要比低纬度地区显著得多。在高纬度地区，对热量需求突出的作物，应考虑种植行向，如秋播作物采取南北行向、春播作物采取东西行向，均能获得较好的光热条件。此外，通风条件也与种植行向有关。

2. 种植密度

种植密度的大小直接影响作物群体通风、透光和温度的变化，最终决定作物的生长状况和产量。实践证明，株间太阳辐射的透射情况、株间任何高度的辐射透射率以及群体上下层透射率的差别，都随密度的增加而减少。由于植株的阻挡作用，密度增大，株间的风速降低。白天，由于株间光辐射减弱，温度随密度的增大而降低，夜间具有保温作用。密度变小，植株充分接收光照，风温适宜，单株产量增多，但植株数量减少，也会影响群体的产量。农田的土壤湿度和株间的空气湿度也随种植密度而变化。密度增大，农田消耗水分增多，即农田蒸散量增加，引起土壤湿度降低，空气湿度增加。同时气流交换减弱，导致株间空气湿度增加。合理的密植可以增加作物对光能的利用率，提高单位面积产量。在有干热风侵袭时，密植能在一定程度上降低温度和保持株间空气湿度，减轻灾害。

根据不同作物特点，生产上常采用合理密植、间作套种等栽培措施。而在同一密度下，由于种植方式不同，其气象效应也有差异。例如，采取宽窄行的种植方式即所谓"密中有稀"和"稀中有密"的措施，不仅能提高株间光照强度，还能改善农田通风条件和温度状况。

3. 间作套种

间作套种的气象效应是通过合理布置田间作物，达到改善田间通风透光条件，形成有利于作物生长发育的外界环境，以达到增产的目的。

由于不同作物的株高、株型、叶型等的不同，在间作、套种的农田中形成了高低搭配、疏密相间的群体结构。与单作相比，间作套种能增加作物对光能的利用率。间作套种也会引起农田温度、湿度状况的改变，此种影响以套种农田尤为明显。当高秆作物对矮秆作物产生显著的遮荫作用时，套种的矮秆作物带行中的地温和气温要比单作地偏低，湿度要比单作地偏高，而且这种影响还会呈现随带宽缩小而逐渐加剧的趋势。

三、覆盖的小气候效应

1. 温室

随着农业科学技术的飞速发展，近年来，人们利用农业设施发展高效农业，如塑料大棚、日光温室、连栋温室等，这些技术在早稻育秧、蔬菜栽培等方面得到广泛应用。

由于温室覆盖表面、室内作物面和地表等活动面的作用，温室内的辐射交换、热量交换和气体交换变得更复杂，使室内的小气候条件显著改变，与室外相比，其辐照度减弱、昼夜温差加大、湿度增高、气流微弱。若室内装有环境调节设施，可为作物生长创造最适宜的环境条件。

由于温室的覆盖材料和结构等的影响，温室的光照强度一般比室外低。尤其是玻璃温室，因紫外线几乎不能透过玻璃，作物往往植株细弱，病害较多。温室内的温度受覆盖材料、温室外部天气、温室通风状况、温室比面积等多种因素影响。一般来说，大温室的保温性比小温室要好。晴天温室内气温日变化比较明显，而阴天日变化不明显。温室内湿度较室外大，处于接近饱和或饱和状态，从而抑制了作物的蒸腾作用，植株生长柔弱，易染病害。由于覆盖物的封闭作用，限制了温室内外二氧化碳的交换，可使室内二氧化碳的日变幅显著增大。

2. 地膜覆盖

塑料薄膜有很好的透光性，太阳辐射能大量透射到保护地的同时又能阻挡地面辐射的逸出，具有温室效应。地膜覆盖一方面是增加了土壤的温度，提高了作物的生长速度和质量；另一方面又减少了水分的蒸发，提高了水分的利用效率。地膜还能减少土壤与空气的热量交换，形成土壤温度季节变化幅度低、波动小的特点。在北方，无论是玉米、甘薯，还是其他叶菜类、瓜类、茄果类蔬菜等，都在采用地膜覆盖栽培技术，既能达到提早上市，又能达到高产、提质、增效的目的。

蓝色膜一般比无色膜透过的蓝紫光多，增温和缓，保湿适宜，可使秧苗叶绿素含量增加，降低立枯病发病率，有利于培育壮秧。银色膜对冬春蔬菜大棚栽培效果好，银色膜反射性能好，当太阳光照在膜上时可以全部被反射，有利于蔬菜全面受光，使茎叶粗壮，果实提早成熟，着色好。同时，银色膜还可以驱走蚜虫，减轻作物病虫害。

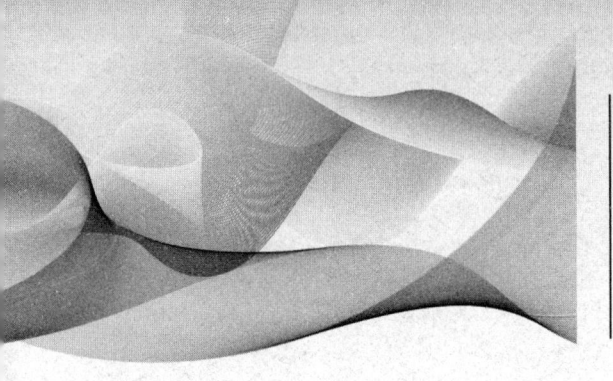

职业模块 ③
作物栽培基础知识

第3章

作物养分吸收与调控

培训课程 1

播前准备

学习目标

了解农资、土地和育苗的准备。

一、农资准备

农资准备是农业生产中不可缺少的环节。肥料、种子、农药等农资是农业生产的物质基础，它们的合理使用能够提高农作物的产量和品质。

1. 肥料

肥料是提高农作物产量和品质的重要保证。应根据不同的农作物需求，选择适宜的化肥品种和用量。购买肥料时应选择可靠的购买渠道，如农资专卖店或经资质认定的经销商，以避免购买到假冒伪劣的产品。同时，要认真检查化肥是否结块、是否过期等。应根据需要进行储存，存放在防潮、通风、避光的地方。

2. 种子

根据当地的气候、土壤条件和市场需求，购买检测合格、具有良好生育力和病虫害抗性的种子。种子应储存在阴凉、干燥、通风良好的仓库内，防止阳光直射，避免潮湿。储存过程中要定期检查，发现虫害、霉变等情况应及时处理。

3. 农药

选择符合国家标准的农药，并严格按照说明书使用，以避免对农作物和环境造成污染和损害。农药应该存放在干燥、通风、阴凉的地方。同时，要注意农药之间的隔离，避免不同种类的农药混合在一起。在使用农药时，要做好记录和管理，以便后期的统计和分析，从而合理安排农业生产。

二、土地准备

1. 播前灌溉

根据计划播期确定灌溉时期,通常以当地适播期为参照,提前12~15天浇灌。灌水量应依据土壤类型、土壤质地、土壤墒情和地下水位高低等情况灵活掌握。以冬小麦播种为例,浇水应以不影响预定播期和保障冬前生长需水为原则,每亩[①]浇灌80~100方[②]为宜,播前水要浇足、灌匀、灌透。

2. 土地翻耕

在播种前应深耕土壤。土地翻耕的作用:一是能改善土壤结构,使土壤疏松通气,提高耕地质量;二是蓄积雨水,提高土壤蓄水能力,促进农作物根系下扎,提高作物抗旱、抗倒伏能力;三是使残茬、秸秆、杂草翻入地下,增加有机质含量,以利于保墒,又可以吸纳更多的雨水,改善土壤结构;四是土地翻耕后,可增加肥料的溶解能力,减少化肥的挥发和流失,从而提高肥料的利用率。

3. 基肥施用

根据土壤养分状况,在翻耕前施入腐熟农家肥、尿素、磷酸二铵、硫酸钾等肥料。施肥时,做到撒施均匀、不留死角、无缝对接、边施边翻耕,以减少氮素挥发的损失。

施足基肥后,应及时进行耕犁、旋耕耙耱。整地时,要求扣垡严实、不漏茬、接垡无缝隙,犁地深度为25~30 cm,旋耕耙地深度以10~15 cm为宜,达到"齐、平、松、碎、净、墒"六字标准。

三、育苗

1. 育苗设施准备

(1)种植盘

种植盘是育苗过程中常用的一种容器。种植盘一般由塑料或者泡沫制成,种植盘内部有多个小孔,可以填充育苗土壤,并在小孔内撒上种子。在育苗过程中,种植盘可以很好地控制幼苗的生长方向,并且能够减少土壤的浪费和杂质,以提高幼苗的成活率。

---

① 亩:1亩 =666.667 m²。
② 方:1方 =1 m²。

（2）苗床

苗床是育苗过程中比较重要的一种设备，它通常是一个比较大的容器，可以放置多个种植盘。苗床上有固定的支架，可以把光照和温度控制设备固定在苗床上方。苗床的设计合理与否直接影响到幼苗的生长质量和成活率。

（3）温度控制设备

在育苗过程中保持适宜的温度十分重要。温度控制设备可以使苗床内的温度保持在稳定的范围内，以提高幼苗的成活率和生长速度。

（4）光照设备

光照设备可以使苗床内的光照保持足够的强度，以提高幼苗的生长速度和质量。

2. 基质准备与消毒

目前，常用的栽培基质有草炭、菇渣、秸秆、腐叶土、锯末、稻壳等，并与河沙或沙土、珍珠岩、蛭石、煤渣等混合配制成盆栽营养基质。

（1）基质要求孔隙度合适、容重较小，具有较好的保水性和透气透水性，养分含量适中而全面，pH 值以 6.2~7.0 为宜。根据保水性和肥力要求的不同按比例配制，由于草炭的容重较小，易于搬运，且营养含量高，因此草炭的比例尽量大些。菇渣、秸秆等的含氮量较多且肥力持久性较强，可以适量提高比例。

（2）常用的基质配比，草炭为 50%~80%，菇渣、秸秆等为 10%~30%，珍珠岩、蛭石等以 10%~20% 为宜。在配制好的营养基质中加入适量尿素（45 g/m^3）、磷酸二铵（30 g/m^3）、硫酸钾（45 g/m^3）或有机肥（腐熟粪为主）混合均匀、过筛，用水湿透至含水量约 80%，达到手握成团，松开即散，感觉潮湿，没有水渍的状态时，即可装入盆中。

（3）基质的消毒对于育苗栽培至关重要，基质是病虫害传播和越冬的主要场所，使用前需要彻底消毒，使用后再次利用前也要彻底消毒。消毒方法包括以下几种。

1）多菌灵消毒。用 50% 多菌灵可湿性粉剂 500 倍液喷洒，拌匀，盖膜堆闷 1 天。

2）蒸汽消毒。将基质装入柜内或箱内，或堆积后覆盖塑料薄膜（体积为 1~2 m^3），用通气管通入高温蒸汽，在 70~90 ℃高温下持续蒸熏 20 min。

3）甲醛消毒。每立方米基质喷洒 40% 甲醛溶液 100 倍液 10 L，拌匀后覆盖塑料薄膜密闭 7~10 天。揭开薄膜充分翻晾，使基质中的甲醛充分散尽。

3. 苗床的准备

根据计划栽植苗数、成苗营养面积等确定苗床数量。使用旧育苗设施时，育苗前应进行设施修复和环境消毒。新建育苗设施应在使用前或土壤上冻前完成施工。设施准备好后，应在设施内铺设育苗床。温室、塑料大棚等大型设施内一般设置多个苗床，每个苗床畦宽 1~1.5 m；温床、冷床、塑料小拱棚等小型设施内，一般只设 1 个苗床。采用地加热线育苗的，应事先在苗床内布设好地热线，并接通电源。单位苗床面积地热线的布线功率密度取决于设施类型、作物种类、育苗地区、育苗季节等，一般为 80~120 W/m^2。

苗床准备好后，在苗床内填入配制好的床土。苗床装填好后，应整平床面，以便播种时浇水均匀。低温季节育苗，苗床准备好后，应于使用前 3~5 天覆盖设施升温。

苗床应具有高度的持水性和良好的通透性，优良床土应达到浇水后不板结，干燥时表面不裂纹，保水保肥力强，制成土坨又不易散坨的状态，其适宜 pH 值为 6~7。有机物应充分腐熟，并且不应含有影响秧苗生长和根系发育的有毒有害化学物质，如油类物质、除草剂等。农药、重金属等公害因子应在限量标准以下。苗床良好的生物性应富含有益微生物，而不带病原菌和害虫等有害生物。

配制苗床主要原料为有机肥和菜园田土。比较理想的有机肥原料有草炭、马粪、厩肥、堆肥等。无论是哪种有机肥，用于床土配制前都必须经过充分堆制腐熟。有机肥源不足的地区，配制床土时可适量加入化肥。园田土要求取自非重茬地，理化和生物性状良好。

4. 种子处理

（1）浸种

浸种是在适宜水温和充足水量的条件下，促使种子在短时间内吸胀的措施。浸种用水量为种子量的 4~5 倍，浸种时间因作物种类及种子品质、浸种方法等的不同而异。浸种时间过长，种子内的养分会大量外渗，影响发芽势与出苗力。浸种时间超过 8 h 时，应每隔 5~8 h 换 1 次水。

根据浸种水温把浸种分为一般浸种、温汤浸种、热水烫种等。

1）一般浸种。用常温水浸种，只有使种子吸胀的作用。

2）温汤浸种。用 50~55 ℃ 的温水浸种，保持恒温 10~15 min，其间不断搅拌，待水温降至室温时继续进行一般浸种。

3）热水烫种。先用 70~75 ℃ 或更热的水浇烫种子，并用 2 个容器反复倾倒，使水温快速降至55 ℃，然后改为温汤浸种，使温度保持7~8 min，再进行一般浸种。

（2）催芽

催芽就是将吸水膨胀的种子置于适宜条件下，促使种子迅速而整齐一致萌发的措施。催芽的一般方法是：先将浸好的种子中多余的水分甩去，薄层（约2 cm）摊放在铺有一两层潮湿洁净布或毛巾的种盘上，上面再盖一层湿布或毛巾，然后将种盘置于适宜温度的恒温箱催芽，直至种子露白。催芽期间，每天应用清水淘洗种子一两次，并将种子上下翻倒，以便发芽整齐一致。

5. 苗木调查

叶片的颜色、形状、质地等可以反映苗木的养分状况和生理状态，茎秆的生长情况、是否存在病害等也是评估苗木健康状况的关键指标。因此，育苗期间，应注意调查苗木的叶片、茎秆、根系等生长情况。通过对作物苗情的调查，及时掌握作物的生长状态，以便于精细化管理，合理调控作物生长。根据苗龄、苗木长势合理安排苗木的生产计划和出圃计划。

培训课程 2 播种技术

掌握整地技术，了解直播和移栽方法。

一、整地

1. 平整土地

整地是指作物播种或移栽前的土壤耕作措施，主要作业形式包括深耕、松土、耙地、起垄等，目的是创造良好的土壤耕作层，提升土壤肥力，为作物播种、出苗、生长提供良好的土壤环境。整地是春耕的基础性工作，对抗旱、保苗、增产有促进作用。

（1）整地的要求

根据不同土壤条件、种植作物和灌溉方式，选择不同的整地机械和整地方式。一般先整黏土地，再整沙壤土，最后再整盐碱地。

棉花和甜菜作物选择以浅整地钉齿式联合整地机械作业为主，深度以 3～4 cm 虚土层为宜。玉米选择前圆片后钉齿耙联合整地机械作业为主，深度以 7 cm 虚土层为宜。

（2）整地的技术

整地要符合六大技术标准，分别是齐、平、松、碎、净、墒。齐，即地头地脚耙整齐，不漏耙，行走路线要直；平，即作业后的土壤、地表平整无垄沟，无土堆、土条，无明显碾压痕迹和凹坑；松，即作业后土壤表层疏松，达到上松下实，表层有适宜的松土层；碎，即土块要细碎，切忌留下大土块；净，即地表干净无残茬、杂草、残膜；墒，即作业适时，墒情适宜。

（3）整地注意事项

1）掌握好农机具下地时间。掌握破土的时机，民间标准一般是一个体重标准的成年人站到地里，如果土壤下陷 1~1.5 cm，说明这时土壤软硬度较佳，适合进农机具。注意要先将大土块弄碎，再进行大面积耙地。

2）了解墒情状况。深挖 20 cm 左右的土壤，抓一把抛到空中，如果落地散开，说明墒情合适；如果落地不散，呈现条块状，则说明墒情偏大（土壤湿）；如果无法捏成团，则说明土壤偏干。整地一般宜干不宜湿。

3）整地过湿，易造成土壤板结，导致土壤通透性变差，作物根系难以下扎，造成烂根、烂苗等现象。整地过干，会造成土壤形成大土块，影响播种，造成出苗错位的现象。

整地要因地因作物制宜，特别是北方，春天应在解冻达到耙深和水分适宜的情况下进行。

2. 起垄、作畦

起垄的主要作用是增加耕作层厚度、提高地温、改善通气和光照状况、便于排灌等。作畦的目的是便于灌溉和排水，应根据作物的生长特性、地势高低和当地降水情况决定畦的类型。畦的类型可分为低畦、平畦、高畦三种。

（1）低畦

低畦的畦面通常比走道低 10~15 cm，目的是便于蓄水灌溉。在地下水位低的干旱地区或喜湿的作物多采用低畦。

（2）平畦

平畦的畦面和走道相平，目的是便于引水浇灌。适用于栽培要求土壤湿度大的作物以及风势猛烈、地下水位低、土层深厚、排水良好的地区。平畦保水较好，但易积水，应注意排水。在多雨地区或地下水位较高、排水不良的地方不宜采用。

（3）高畦

高畦的畦面通常比畦沟高 10~20 cm。高畦畦面暴露在空气中的土壤面积较大，水分蒸发量多，地温较高，适合种植喜温作物。北方畦宽通常为 100~150 cm，南方畦宽为 130~200 cm，高畦的高度一般为 15~20 cm。

畦的方向以南北向较为合适，能使作物受光均匀，利于生长发育，尤其是喜阳作物。在北风强烈的地区，为避免两侧作物受害，畦可采用东西向。在山坡或倾斜地段上，作畦应与坡向垂直，等高开行作畦或做成梯田，以减缓坡度，减少水土流失，利于保持水分和养分。

3. 铺设节水设施

节水灌溉主要是以最低限度的用水量获得最大的产量或收益，也就是最大限度地提高单位灌溉水量的作物产量和产值的灌溉措施。铺设节水设施，可以减少灌溉过程中劳动力配置。滴灌通过局部湿润灌溉，能使田间土壤疏松，透气性良好。易溶性肥料、作物生长调节剂、内吸杀虫剂等随水滴入，可减少中耕、施肥、喷药、锄草等的作业次数和劳动力投入，节省了大量的人力物力。通过使用节水设施，农作物可以得到及时灌溉，提高了灌溉效率，能有效促进粮食增产增收。灌溉方式主要包括喷灌、微灌和全系节水灌溉等。需要根据相应作物的需水特性、生育阶段、气候、土壤条件等合理设计，制定相应的灌溉制度，安装节水设施，适时、适量、合理灌溉。

二、直播

1. 计算播种量的方法

在保证有充足用苗的前提下，适宜播种量不仅可以减少种子成本，还可以节省土地，便于管理，降低管理成本。通常可按照下述公式计算播种量。

每亩播种量（克）= 每亩株数 ÷ [每克种籽粒数 × 发芽率（%）× 净度（%）]，或每亩播种量（克）= 每亩株数 ÷ [1 000 × 千粒重 × 发芽率（%）× 净度（%）]。

以上公式计算的播种量，只是理论数据，实际操作时需要增加用种量。因为实际播种时，种子发芽率比室内发芽试验的发芽率低，而且能发芽的种子不一定能出苗，能出苗的由于种种原因不一定能长成壮苗，能长成壮苗的也不一定能在定植大田前不受病虫、人为或家禽、家畜等的碰伤或损害，所以实际播种量一般要比理论播种量高 20%～30%。

2. 确定播种方法

常见的种子播种方法包括撒播法、条播法和穴播法。不同的播种方法适用于不同的作物和地区。可以根据作物的生长特点和具体情况选择合适的播种方法，以提高作物的产量和质量。

（1）撒播法

撒播法是指将种子均匀地撒播于床面或垄面上的播种方法。多用于小粒种子或种子量较大时。为使出苗均匀，可混入一定量的细沙或细土。其缺点是：用种量大，出苗多，幼苗通风透光差，易徒长；不便于中耕、除草、追肥和病虫害防治。除极小的种子外，一般不推荐采用撒播法。

（2）条播法

条播法是指按一定的行距，将种子均匀地播在播种沟内的播种方法。多用于中小粒种子，尤其是品种多、种子数量少时。其优点是：苗木具有一定的行距，便于中耕、除草、开沟施肥和病虫害的防治及机械化作业；苗木受光均匀，有良好的通风条件，苗木生长健壮，质量较好。条播时覆土深度一致，出苗整齐均匀，播种质量较好。条播法应用广泛，可用于播种多种作物，相应的播种机则称为条播机。

（3）穴播法

在播种行内使几粒种子集中于一穴称为穴播法（也称点播法）。穴播法适于播种中耕作物，可保证行距及穴距准确，较条播法更节省种子并可减少间苗工作量。采用穴播法播种棉花可提高棉籽的出苗能力。

3. 确定播种深度及覆土厚度

确定播种深度及覆土厚度是农业种植中至关重要的环节，它将直接影响种子的发芽率、出苗率以及作物的正常生长。以下介绍几种不同作物和种植环境的具体播种方法。

（1）玉米种植

玉米的播种深度一般为 3~5 cm。在土壤疏松、墒情较好的情况下，可以适当浅播。而在土壤较为黏重或墒情较差时，可以适当加深播种深度，但一般也不宜超过 6 cm。

（2）小麦种植

小麦适宜的播种深度为 3~5 cm。播种过深，苗细弱，分蘖少。播种过浅，易出现缺苗断垄情况。

（3）棉花播种

棉花子叶肥大，顶土能力差，播种深度一般掌握在 3~4 cm。播种过深，顶土困难，温度低，出苗慢，养分消耗多，幼苗瘦弱，甚至会引起烂籽、烂芽、缺苗现象。播种过浅，容易落干，同样会造成缺苗断垄现象。

（4）马铃薯种植

实施高垄地膜全覆盖种植，需要做好整地工作，深耕深松，深度为 24~28 cm，并进行重复耕整，整平耙细。起垄种植，垄底宽为 90 cm，垄高为 30 cm，垄宽为 35 cm，垄间距为 67~69 cm，沟宽为 24 cm。应选择合适的打孔器进行挖穴播种，打孔器直径为 10 cm，长为 15 cm。每穴放入 1 个整薯或 2 个薯块，播种深度约为10 cm，薯块芽眼向上，覆盖细土进行压实。每个垄面种植2行，控制株距在25 cm，每亩保苗量为10.5万株以上。

（5）花生种植

花生的播种深度为3~5 cm。沙土地或沙性大的地块可适当深播，但深不能超过7 cm；土质黏重、墒情好的地块可适当浅播，但不能浅于3 cm。

综上所述，确定播种深度及覆土厚度需根据作物种类、种植环境以及农艺要求综合考虑，以确保作物能够顺利出苗，并健康成长。

三、移栽

1. 开沟或穴

（1）开沟种植

开沟种植是在耕地上开一条沟，把苗木放进去，并把沟埋上。

开沟种植的优点：开沟种植能够提高土壤通气性和透水性，帮助作物更好地吸收水分和养分；可以使用机械化种植来节省时间和工作量。

开沟种植的缺点：在沟中种植会导致水分流失更快；在质量不佳的土壤中使用开沟种植可能引起病菌传播，造成病害。

（2）穴中种植

穴中种植是在地面上挖小孔，把移栽苗木放进去并把土培上。

穴中种植的优点：与开沟种相比，穴中种植可以更好地保湿，并且更长时间地保存土壤中的肥力；可以防治无菌土中的病害。

穴中种植的缺点：穴中种植需要挖大量的小洞和翻开大量的土壤，所以在大面积种植时，需要更大的工作量；如果土壤质量不佳，则可能会影响穴中种植的作物生长。

在选择种植方式时，应该考虑种植作物、种植区域、土壤质量、气候条件、种植体量等因素。如果土壤肥力足够，且种植区域较大时，开沟种植可能是更好的选择；如果土壤质量较差，病害较多或者种植规模小时，穴中种植则是更为合适的选择。

2. 移栽时间

一般情况下，需要根据苗情长势、当地地温决定移栽时间。如果移栽时间过早或者过晚，都会影响作物的生长质量。

水稻移栽时间：早稻秧龄为20~25天，晚稻秧龄为15~18天，4~5片叶，苗高为 15~28 cm，单苗为 10~15 条根时可移栽。

玉米移栽时间：移栽苗龄以第 4 片叶展开，即 3 叶 1 心时移栽最好，不能超过 5 片叶；育苗时间不超过 25 天，秧苗高度不超过 25 cm，以 20 cm 左右为宜。否则，秧苗会因缺乏营养而形成弱苗，影响移栽成活率和缓苗时间。

高粱移栽时间：苗龄 30 天左右，当苗长至 4 叶时即可起苗移栽，营养块育苗宜在 4~5 叶时移栽，撒播育苗宜在 5~6 叶时移栽。起苗时防止伤根，除去病苗、弱苗、杂苗、大苗、优势苗，用中等苗带土移栽。

露地作物最好选择晴天傍晚时，或者阴天时进行移栽，下小雨前也可以进行移栽，但下大雨就不要进行移栽了，否则幼苗容易被雨水冲刷，还需重新进行栽种。

3. 移栽深度

对于裸根苗或色块作物，种植深度不应超出根颈 1 cm。根茎部位是作物传输营养物质的必经部位，对环境变化非常敏感。保持根茎的适当裸露或埋深对作物成活率有直接影响。如果地块翻整质量不佳，可能会导致栽植过浅或过深，从而影响成活率和栽种质量。

对于水稻，栽插时要坚持薄水浅插，水深掌握在 1~3 cm，机械插秧深度控制在 2 cm 左右，人工插秧深度以 1~1.5 cm、抛秧栽培钵面入土 2/3（泥浆状态抛秧）为宜，以"不漂不倒，深浅适度"为原则。栽插最深不宜超过 4 cm，以利快速活棵分蘖，防止过深分蘖过晚，影响生长。

注意移栽过程中要避免栽植过深，因为过多的土壤覆盖在原生土壤之上会抑制根系呼吸，导致根部无法从土壤中吸收足够的水分和养分，从而引起苗木脱水萎蔫，严重时可能导致烂根死亡。栽植过深的主要表现包括烂根死亡、不发根、不发芽和整体长势弱。

综上所述，控制移栽深度是确保作物成功移栽的关键因素之一，需要根据不同作物的特点和移栽条件采取相应的措施来保证移栽质量。

4. 移栽管理

移栽管理措施主要包括以下几个方面。

（1）移栽前的准备

通常采用工厂化育苗，以控制生长环境的相对稳定性，为移栽做好准备。这一阶段的工作重点是创造一个有利于幼苗生长的环境，确保幼苗在移栽前已经具备一定的生长基础，以减少移栽后的适应压力。苗木定植前，必须进行低温炼苗，经历过低温的苗木定植后抗寒能力强。在低温炼苗期间,要防止幼苗受冻害。注意收听当地天气预报,如遇大风或降温天气,要随时做好苗木的防寒和保温工作。移栽定植前3~5天,在保持苗床土壤湿润的基础上应当尽量控制浇水,以此使定植苗处于饥渴的状态,这样在定植后的幼苗比定植前浇水的幼苗能够更快地缓苗、生根和成活。

(2) 移栽时的操作

移栽时的操作包括正确的包装、运输和定植方法。为了减少移栽苗的呼吸消耗,应尽量避免温室高温时装箱,防止将田间热带入箱内,导致幼苗的呼吸量加大而降低幼苗的质量。在炎热的夏季,昼夜温差较大,因此在夏季运输移栽苗时,要尽可能在夜间行车。另外,夜间运苗,一般次日上午即可到达,可争取时间及时定植,成活率高。移栽幼苗的运输应迅速及时,避免在大风天气进行,以减少对幼苗的损伤。

5. 栽后管理

(1) 环境适应

移栽后,幼苗的生长环境发生了突然的变化,不可控环境因素相对较多,容易使移栽苗产生一系列"过敏"症状。因此,管理的核心变成了如何加快根系的生长速度,缩短缓苗时间,同时还需控制作物的旺长。

(2) 激素平衡

作物的地上部是产生生长素的主要部位,而根系的分生组织是产生细胞分裂素的主要部位。当幼苗移栽后,地上部的生长点产生的生长素将会全部向下运输,导致作物根系内的生长素和细胞分裂素含量不平衡。此时,通过增加新生根系的数量和作物体内的细胞分裂素的数量,可以确保作物内源激素的平衡,从而保证根系的正常生长。

(3) 营养补充

磷、钙、锌、硼等元素是促进根系生长的元素,能够促进新生根系的不断生长。例如,钙元素在根尖中的含量较高,能够促进根尖的不断生长;锌元素能够促进生长素的不断合成;硼元素能够延缓生长素的半衰期;磷元素除了能够补充能量外,还能促进根系的细胞分裂。

(4) 病虫害管理

在移栽时,建议将海藻活菌生根液与氯氟醚菌唑、咯菌腈等农药混配,进行蘸根处理,以保护作物免受茎基腐、根腐等病害的侵染。

（5）长期养护管理

长期养护管理包括定期浇水、施肥、除草、松土以及病虫害防治等措施。这些措施有助于促进作物的健康生长，提高移栽成活率。

综上所述，移栽管理措施涉及从移栽前的准备到移栽后的长期养护等多个方面，旨在确保作物能够顺利适应新的生长环境，实现健康生长。

培训课程 3 田间管理技术

了解耕作管理、肥水管理、植株管理以及病虫害防治的方法。

一、耕作管理

1. 中耕

中耕是在作物生长期间进行田间管理的重要作业项目,其主要目的是及时改善土壤状况,蓄水保墒,消灭杂草,提高地温,促进根系下扎,促使有机物的分解,为农作物的生长发育创造良好的条件。

(1) 中耕原则及方法

中耕的时间和次数因作物种类、苗情、杂草和土壤状况而异。一般旱地作物在苗期和封行前进行,水稻在分蘖期进行。一季作物需要进行3~4次中耕。如作物生育期长、封行迟、田间杂草多、土壤黏重,可增加中耕次数,以保持地面疏松、无杂草为度。在作物生育期间,中耕深度应掌握"浅—深—浅"的原则,即作物苗期宜浅,以免伤根;生育中期应加深,以促进根系发育;生育后期作物封行前则宜浅,以破板结为主。

(2) 中耕效果

结合中耕向植株基部壅土,或培高成垄的措施称培土。培土多用于块根、块茎和高秆谷类作物,以增厚土层、提高土温、覆盖肥料和压埋杂草,并有促进作物地下部分发达和防止高秆作物倒伏的作用。土壤干旱时中耕既可切断表土毛管,也是调节土壤水分状况的重要手段。但过早或壅土过高会妨碍次生根发育,影响茎秆长粗。

2. 保墒

保墒是指保持住土壤里适合种子发芽和作物生长的湿度的一种技术措施。保墒一般有以下四种方法。

（1）保水剂锁墒

保水剂是一种高吸水性树脂，被储存在保水剂中的水分可以被各种农作物的根系直接吸收。合理施用土壤保水剂，能够达到抗旱保水、保肥增效、改良土壤、促进作物生长发育、提高出苗率和成活率、提高作物品质、增产增收等效果。

（2）覆盖保墒

覆盖保墒技术是半干旱地区推广的一项节水保墒耕作技术措施，是一种人工调控农田水分条件的栽培技术。利用覆盖可以调温，减少水分蒸发和地表径流，蓄水保墒，培肥地力，改善土壤物理条件，抑制杂草和病虫害，提高光合作用及水分利用效率。覆盖保墒主要包括作物秸秆覆盖（利用作物的秸秆、干草等覆盖在土壤表面）和地膜覆盖（用塑料薄膜覆盖在土壤表面）。

（3）集雨补墒

集雨补墒技术是指在丘陵山区自然条件差、耕种地块不集中、不适宜建设较大水利设施的地方，通过建设旱井、水窖、蓄水池等集雨设施，收集雨水、引蓄泉水，并采用配套的小型、简易的提水设备，让无灌溉条件的旱地拥有一定的补灌能力，确保农作物播种用水和生长期严重干旱时提供"保命水"的技术措施。

（4）深松储墒

深松储墒是通过深耕深松，打破犁底层，提高土壤渗透性和蓄水能力，构建土壤水库，提高土壤蓄水保墒能力的农业生产技术。利用深松储墒技术可增加土壤大团聚体含量、耕层厚度、土壤孔隙度，提高土壤透气性，促进有机质分解，提高耕地土壤有效养分水平，有利于耕作层干旱期水分供给与利用，增大深层根系的容纳量，从而达到增产效果。

3. 松土、除草

在作物生长发育过程中，土壤板结、通气不良以及杂草滋生等问题一直困扰着种植户，这些问题严重影响着作物的生长，因此，松土和除草显得尤为重要。松土和除草虽然是两个概念，但通常是结合进行。通过松土、除草，可以切断土壤毛细管[1]，使土壤疏松、通气良好，保蓄水分，消灭杂草。在作物生长期进行松土，有利于促使作物根系发育。具体技术措施如下。

（1）选择合适的除草剂

根据不同土壤类型和杂草种类，选择合适的除草剂，并遵循说明书使用。

（2）物理方法

利用手动除草或使用除草机进行除草，这种方法适用于面积较小的农田。

（3）生物方法

通过引入天敌昆虫或使用生物制剂来控制杂草生长。

（4）适时松土

在作物生长期进行适时松土，有利于促使作物根系发育。松土时要注意深度，避免伤及作物根系。

（5）合理施肥

通过合理施肥，增加土壤有机质和肥力，促进作物生长，从而减少杂草的生长空间。

（6）种植抗草性强的品种

选择抗草性强的作物品种，可以从根本上减少杂草对作物的影响。

（7）加强管理

密切关注作物生长状况，及时发现并处理杂草，确保作物健康生长。

总之，松土、除草是作物栽培过程中不可或缺的环节。通过采取有效的技术措施，可以改善土壤状况，促进苗木生长，为农业生产创造良好的条件。

4. 起垄、培土

（1）起垄

起垄是指在田间按照一定宽度与间隔形成的高于地面的条状高台的技术措施。垄上面部分称为垄台，垄与垄之间形成的沟称为垄沟，由于垄是在地面拔地而起的，因此叫作起垄。起垄可以使用畜力或专门的起垄机械，通过牵引犁头的行进划出一道沟，再回头在旁边划出下一道平行的沟，沟与沟之间即形成一条垄。

1）起垄种植的优势。一是土壤疏松，不易板结；二是改善土壤透气性能，利于作物根系发育；三是增加了地表面积，吸热散热快，提升了光合效能；四是起

---

[1] 土壤毛细管：是指土壤中由微小孔隙构成的毛细管网络，这些孔隙通常由土壤颗粒之间的空隙和土壤内部的微裂缝组成。土壤毛细管的直径一般小于 0.001 mm，它们在土壤中纵横交错，形成一个复杂的毛细管网络。

垄后便于浇灌，排水通畅，抗旱防涝；五是田间通透性好，通风透光；六是方便采收地下根茎类作物；七是抑制杂草生长，减少病虫害的发生；八是土壤环境各方面得到了加强，能有效提升作物产量。

进行起垄种植，可使土壤、采光、通风、光合作用效能、肥水利用率等各方面都得到改善和提高，对于作物的生长和发育有着积极的促进作用，从而可提升作物品质、增加产量。适合起垄种植的作物有：红薯、马铃薯、花生、旱地玉米等。

2）起垄的注意事项。

①起垄要做好细节，要求垄面平整、垄距均匀，如果有硬质的土块一定要捣碎。

②垄的高度不能太高，否则浇水困难，浇少了水上不了垄，作物吸收利用率低，浇多了又容易产生田间积水。常年多雨的地方，垄高要在 30～40 cm，垄距要宽，以利于排水。砂质土，雨水少的地方，垄可起矮一些，一般垄高 20 cm 即可。

③垄的宽度要根据作物的根系进行调整，因为垄的宽度也代表着根系生长的宽度，如果过窄，会导致根系发育不良。

（2）培土

培土即在农作物生长期，把株间或畦间的土壤覆盖作物根部四周，以防止作物倒伏，并促进根部的发育和便利排水灌溉。培土具有促进根系发育，扩大营养吸收面积，便于排灌，增强抗旱防涝能力，防风抗倒，减少土传病害等作用。花生培土还可缩短果针入土的距离，减少秕果率。培土一般在第 2～3 次中耕时进行。

二、肥水管理

1. 施肥

（1）根据土壤肥力进行施肥

在施肥之前，需要对土壤进行充分的检测和分析，了解土壤的养分含量和肥力状况。根据农作物的需求和土壤中缺失的养分，科学施肥。

（2）控制施肥量

施肥的量应该根据农作物的需求、土壤的养分状况和作物生育期来决定。避免过量施肥，导致肥力过剩和对环境造成污染。

（3）合理施肥方法

可以采用基肥与追肥相结合的施肥方法。基肥是在整地前或整地时施入，追肥是在作物生长期适时补充养分。通过合理的施肥方法，可以保证农作物在生长过程中获得合适的养分供应。

（4）遵守"水肥一体化"原则

"水肥一体化"是指在灌溉过程中，将水肥合理地搭配使用，提高水分和养分利用效率。在实际操作中，可以通过合理浇水和掌握施肥的时间、方式和方法等，实现水肥资源的协调利用。

2. 灌溉

作物的生长需水量会受到不同因素的影响，包括作物品种、生育期、地理环境等。因此，在进行作物种植前，必须要了解作物的生长需水量，并根据具体情况进行调整。

（1）定时定量浇水

根据农作物的需水量和土壤水分情况，合理制订浇水计划，避免过早或过晚浇水，以保持土壤湿润度适宜。

（2）控制浇水量

应当避免过量浇水，以免造成土壤积水或滞水，导致根系窒息或烂根。同时，也要避免少量多次浇水，以免浪费水源和造成土壤板结。

（3）利用灌溉技术

可以使用滴灌、喷灌等现代化灌溉技术，提高灌溉水的利用效率。这些技术能够在根系周围局部浇水，并减少水分的蒸发和流失。

三、植株管理

1. 间苗、定苗

（1）概念

在农作物种子出苗的时候，采用人工、机械、化学等人为的方法，去除多余的幼苗，称为间苗。当去除多余的幼苗，农田内保留的幼苗数达到要求苗数后，不需要再去除多余幼苗，农田中农作物幼苗数量基本稳定称为定苗。

（2）作用

对保护地播种和露地播种而言，由于播种量都大大超过留苗量，造成幼苗拥挤，因此，为保证幼苗有足够的生长空间和营养面积，应及时拔除一部分幼苗，选留壮苗，使苗间空气流通、日照充足。适时间苗、定苗，可避免幼苗拥挤，相互遮光，节省土壤水分和养分，有利于培育壮苗。同时，在一定条件下，苗间密度超过一定范围，叶面积增长到一定限度后，就会造成田间荫蔽，引起株间光照不足，导致产量不高，每穗粒数随着密度的增加而减少，千粒重也跟着减轻，果穗变短，穗茎变细，秃尖度增加，籽粒产量下降。

（3）操作要点

1）时间。一般在作物幼苗真叶长出后就可以进行间苗，具体的时间以及次数取决于作物的种类。如红花，一般第一次在幼苗长出2~3片真叶时间苗，去病苗、弱苗，每穴留苗3~4株，条播的每10 cm留苗1株。第二次间苗即定苗，在幼苗长出4~5片真叶时进行，每窝留2株，条播以20 cm留苗1株为宜。间苗、定苗要保证合理密植，每亩保苗3万株左右。

2）操作方法。在晴天的下午时分，按照计划的种植密度对幼苗进行调整，去除长势较弱、患有病害的幼苗，保留长势较好的幼苗，如果某块区域病苗、弱苗较多，从苗多处挑选幼苗移栽到该区域，尽量保证株距均匀。

3）原则。早间苗、密留苗、晚定苗，去弱留强、间密存稀、留匀留壮。

2. 喷施生长调节剂

人工合成的对作物生长发育有调节作用的化学物质和从生物中提取的天然作物激素，称为作物生长调节剂。生长调节剂具有促进作物生长、保花保果、增加糖分、提高光合能力等作用。

（1）生长调节剂的种类及作用（见表3-1）

表3-1　生长调节剂的种类及作用

序号	作用	生长调节剂名称
1	打破休眠促进萌发	赤霉素、激动素、硫脲、过氧化氢、氯乙醇
2	促进茎叶生长	赤霉素、6-苄基氨基嘌呤、三十烷醇、油菜素内酯
3	促进生根	吲哚丁酸、萘乙酸、2,4-D（2,4-二氯苯氧乙酸）、比久、多效唑、矮壮素、乙烯利、烯效唑、6-苄基氨基嘌呤
4	抑制茎叶芽的生长	多效唑、优康唑、矮壮素、比久、皮克斯、三碘苯甲酸、青鲜素
5	促进花芽形成	乙烯利、6-苄基氨基嘌呤、比久、萘乙酸、2,4-D、矮壮素
6	抑制花芽生长	赤霉素、调节膦
7	疏花疏果	萘乙酸、甲萘威、赤霉素、乙烯利、6-苄基氨基嘌呤
8	形成无籽果实	赤霉素、2,4-D、防落素、萘乙酸、6-苄基氨基嘌呤

续表

序号	作用	生长调节剂名称
9	保花保果	2,4-D、萘乙酸、防落素、赤霉素、矮壮素、比久、6-苄基氨基嘌呤
10	促进果实成熟	乙烯利、比久
11	延长花期	多效唑、矮壮素、乙烯利、比久
12	延缓果实成熟	2,4-D、赤霉素、比久、激动素、萘乙酸、6-苄基氨基嘌呤
13	诱导产生雌花	乙烯利、萘乙酸、吲哚乙酸、矮壮素
14	延缓衰老	6-苄基氨基嘌呤、2,4-D、赤霉素、激动素
15	诱导产生雄花	赤霉素
16	提高氨基酸含量	多效唑、防落素
17	提高蛋白质含量	防落素、萘乙酸
18	提高含糖量	增甘膦、调节膦、皮克斯
19	促进果实着色	比久、烯效唑
20	增加脂肪含量	萘乙酸、青鲜素、整形素
21	化肥增效	萘乙酸、聚谷氨酸、聚天冬氨酸、硫脲
22	提高抗逆性	脱落酸、多效唑、比久、矮壮素

（2）生长调节剂的使用方法

1）浸种法。将种子（块根、块茎）浸在稀释配置好的一定浓度的药液中，经过一定的时间后，取出晾干供播种用，这种方法称为浸种法。为了提高水稻、小麦种子的发芽率，可采用细胞分裂素（CTK）浸种。为了打破马铃薯的休眠，可采用赤霉素（GA）浸种薯。将作物生长调节剂多效唑与微量元素（$MnSO_4$）配合浸种，可促进小麦分蘖，显著提高小麦的产量。浸种选用的作物生长调节剂种类、浓度和浸种时间的长短，应根据不同的作物品种、浸种目的及当时的温度而定。浸种时温度高（25℃以上），浸种时间应短；温度低（10~20℃），浸种时间可略长一些。一般浸种时间不要超过24 h，浸种时以药液浸没种子为限，并要注意水质的变化。

2）浸蘸法。为了插条生根，提高成活率，应将插条浸于药液中或将插条基端蘸粉剂，再扦插于苗床。浸（蘸）时间的长短与药液浓度有关。

3）点涂法。用毛笔或其他涂抹工具将作物生长调节剂涂抹在处理部位，如茄果类蔬菜的保花、保果，常采用浓度为10~20 mg/kg的2,4-D点涂法点花。

4）喷洒法。这是应用作物生长调节剂最普遍的方法，通常把作物生长调节剂稀释成一定比例的药液，用喷雾器（机）将药液雾化，均匀地喷洒在作物体表面、叶面或作用部位。玉米在抽雄前喷洒乙烯利（450 mL/hm^2）可以有效调节玉米的群体结构，通过适当提高种植密度来提高玉米的籽粒产量。会对作物生长调节剂喷洒的效果产生影响的，除了药剂本身的质量之外，还与药械性能、剂型、作物表面结构和气候条件有关。药械的选择应根据应用对象而定：若用防落素防止番茄落花，应采用小型手持喷雾器喷于花穗；若用多效唑防止水稻倒伏或控制秧苗徒长，应选用背负式手动压缩喷雾；在东北应用三十烷醇大面积处理大豆时，曾采用飞机超低容量喷雾，有的地方也有采用东方红-18型机动弥雾机喷施。总之，应用哪一种药械要根据药剂的性质、应用作物和施药量而定。喷洒时还应考虑当时的风速、风向和气温等条件。一般风速在3级以下，气温在15～30℃，效果较好，同时还应避免在雨天喷洒。

5）熏蒸法。将作物生长调节剂配制成具有挥发性的酯类化合物，使其气化，以达到抑制或催熟的目的。用萘乙酸甲酯混合于贮藏的马铃薯中，可防止贮藏期马铃薯萌芽。

6）根区施药法。作物生长调节剂按一定的浓度比例配制后，直接施用于作物根区周围，通过作物根部吸收并传导至整株作物，以达到调控的目的。根区施药法应根据不同的作物根系分布，采用围沟、单侧沟等形式施用，以便于作物根系吸收。

7）溶液点滴。溶液点滴多用于处理作物茎顶端生长点的腋芽、花朵或休眠芽等，其用药量精确，较适用于科学研究。

四、病虫草鼠害防治

1. 防治技术

常见的防治技术，包括生物防治、物理防治和化学防治。生物防治是利用有益生物或其代谢产物来控制病害的方法，包括利用天敌昆虫、病原微生物、农用抗生素等。物理防治是一种利用物理手段来预防和控制病害的技术，通常包括改变环境因素、杀灭病原体以及隔离病原体等措施。化学防治是一种利用化学药剂来控制病害的技术，虽然这种方法有一定的效果，但也存在一些副作用，如会对环境和生态系统产生影响，因此在使用化学药剂时，需严格按照规定的剂量和方法来操作，以减少其负面影响。

2. 虫害防治

虫害防治包括生物防治、物理防治和化学防治等方法。其中，生物防治包括天敌引入法、细菌病毒防治法。如在水稻种植中，可以利用细菌媒介的杆菌溶菌酶来防治水稻的稻飞虱病。物理防治包括选用抗虫品种、设置陷阱、搭建屏障等。如近年来培育出的抗虫转基因玉米，在防治玉米螟等害虫方面具有显著效果。在作物种植中，利用黄色的粘板作为陷阱，吸引并捕获飞行的害虫。化学防治是常用的防治虫害的方式之一。生物农药作为化学防治的重要补充，因其具有生物降解性强、对环境友好等特点，已成为一种发展趋势和方向。

3. 草害防治

麦田杂草一般在3月底4月初小麦起身拔节期，当麦田杂草长至2~4叶，每平方米有草30株时开始施药防治。具体方法为：每公顷麦田用72%的2,4-D丁酯600~700 g，或用40%二甲四氯1 500 g兑水225~300 kg喷雾；非阔叶杂草可选用6.9%精噁唑禾草灵水剂675~750 mL/hm^2，或55%吡氟草胺十异丙隆悬浮液120~150 mL兑水40~50 kg喷雾防治。

北方一年一熟玉米种植区，在播种季节土壤墒情较好的地块，杂草防控采用"一封一杀"策略。播后苗前，选用乙草胺、精异丙甲草胺、异丙草胺、唑嘧磺草胺、噻吩磺隆、2,4-D异辛酯、噻酮·异噁唑等药剂及其复配制剂进行土壤封闭处理。在玉米3~5叶期，杂草2~6叶期，选用烟嘧磺隆、苯唑草酮等药剂及其复配制剂茎叶喷雾防治稗草、马唐、野黍等禾本科杂草，选用氯氟吡氧乙酸、硝磺草酮、辛酰溴苯腈、莠去津等药剂及其复配制剂茎叶喷雾防治鸭跖草、反枝苋、苘麻等阔叶杂草。

北方一年一熟马铃薯种植区，杂草防控采用"一封一盖（一补）"策略。覆膜马铃薯田，采用土壤封闭处理加薄膜覆盖防除杂草，播前3~7天，选用二甲戊灵、乙草胺、精异丙甲草胺等药剂及其复配制剂进行土壤封闭处理，处理后薄膜覆盖防除杂草。覆膜马铃薯出苗后，根据田间杂草发生情况，在行间补施茎叶处理除草剂，选用精喹禾灵、烯草酮、高效氟吡甲禾灵等药剂及其复配制剂防治马唐、稗草等禾本科杂草，选用砜嘧磺隆、嗪草酮、灭草松等药剂及其复配制剂定向行间喷雾防治反枝苋、马齿苋、牛繁缕等阔叶杂草。

4. 鼠害防治

常见老鼠的种类及特征见表3-2。

表 3-2　常见老鼠的种类及特征

项目	小家鼠	黄胸鼠	褐家鼠
体长/体重	1~10 cm/14~28 g	16~20 cm/220 g 左右	18~25 cm/340 g 左右
尾部特征	尾部>体长	尾部>体长	尾部<体长
活动范围	靠近孳生点	常于天花板活动	常于地沟中活动
常见入侵方式	被动入侵、携带进入	多为主动入侵	多为主动入侵

（1）生态灭鼠

控制鼠的栖息生态环境和食源，控制其生存繁殖量。应做到以下几点：清除垃圾、堆积物，搞好卫生；做好食物保管，断绝食源；阻断通道，堵塞鼠洞。

（2）物理防治

使用鼠夹、粘鼠板、鼠笼、驱鼠器、电子灭鼠器等。

（3）生物灭鼠

鼠类的天敌很多，主要是保护猫、黄鼬、鹰、蛇等天敌；另外就是采用微生物灭鼠。

（4）化学灭鼠

急性灭鼠药有安妥、灭鼠安、灭鼠优等，其优点是作用快，死鼠早，缺点是误食危害大。慢性灭鼠药有第一代和第二代抗凝血灭鼠药，需多次取食，不会引起鼠类警觉，应做到一网打尽，可大面积应用覆盖有鼠活动的场所和环境。具体用法是：选择新小麦、大米（稻谷）、玉米为基饵配成毒饵，根据鼠密度范围采用一次性饱和投饵，每亩投放 100~200 g。

在投放灭鼠药时要科学合理，应选择老鼠经常活动的天花板、下水道、饲料仓库等地方进行投放，以便于老鼠觅食但又不能太靠近鼠洞，以免引起老鼠猜疑，一般可紧贴墙壁、角落进行投放。

培训课程 4 产品收获管理技术

了解产品收获管理技术。

一、收获

1. 确定收获时间

适时收获就是要在作物获得最高产量、最佳品质的时期进行收获。适时进行收获,也是获得高产优质作物产品的重要保障。收获过早或过晚都会降低作物的产量和品质。收获过早,籽粒不饱满,破损率高、产量低,而且茎秆、籽粒水分多,会增加收获和贮藏的困难。收获过晚,易造成断穗落粒和倒伏,增加收获困难,降低作物产量。

一般禾谷类、豆类作物的收获时期在黄熟期。

棉花陆续成熟吐絮,应分批采摘收获。

甘薯块根为营养器官,无显著成熟期,地面茎叶也没有成熟标志,收获时期应根据当地耕作制度、气候条件、薯块用途决定,一般在当地气温降至15 ℃,茎叶生长和薯块膨大停止时即可开始收获。

药用作物收获应根据入药部位、药材质量、用途,适时收获。

水稻成熟的标准是全田有70%左右的枝梗已经枯黄,从稻穗的外部形态来看,谷粒基本已经变硬,穗轴上部发干,而下部已经发黄,但是茎秆还是青色,谷粒变硬,呈透明状。

小麦成熟的标准是麦秆转黄。穗头由绿变黄,籽粒呈蜡质状,并且变硬。

玉米成熟的标准是果穗苞叶变黄并且干枯松散,茎叶开始枯黄,籽粒变硬。

油菜成熟的标准是茎秆变黄，主茎和分枝上的叶片基本脱落，植株大约有 2/3 的角果呈现黄绿色至淡黄色，主花基部角果开始转为枇杷黄色，种皮变成黑褐色，种子呈现品种固有的光泽。

大豆成熟的标准是茎秆呈浅棕色，叶片变黄掉落，豆荚呈褐色，豆粒变硬，摇动植株有响铃声。

花生是当植株顶端停止生长，上部叶和茎秆变黄，中部和下部叶片脱落，大部分荚果果壳硬化、网纹清晰、果壳内壁产生青褐色或黑色斑片，饱果指数达到 70%~80% 为收获适期。

2. 清理植株残体和杂物

作物收获后的田间清理工作包括两个方面：一是秸秆清理，二是土地清理。秸秆清理的方法分为两种：一种是将收获后的空秆用手工拔除或用镰刀割倒，稍稍晒干后运离田间；另一种是直接粉碎还田。土地清理主要是将残茬、枯枝黄叶、杂物等通过犁地翻入土中，采用地膜覆盖栽培的作物收获后，要及时将残留的地膜清理干净。

二、整理与包装

1. 整理

整理是指对农产品产后进行分拣、分级、冷藏、冷链、包装、加工、销售等后端的一系列整理过程。

2. 包装

包装是指对即将进入或已经进入流通领域的农产品或农产品加工品采用一定的容器或材料加以保护和装饰。

（1）农产品包装的作用

1）保护农产品。包装可以保护农产品免受物理损伤、化学污染和生物侵害，确保农产品在运输和储存过程中的质量和安全。

2）便于运输和储存。适当的包装可以减少农产品的体积和重量，方便运输和储存，降低物流成本。

3）促进销售。精美的包装可以提升农产品的吸引力，增加消费者的购买欲望，从而扩大销售量。

4）提供信息。包装上可以标注农产品的品名、产地、生产者、生产日期、保质期等信息，为消费者提供选择和购买的依据。

（2）农产品包装的材料选择

农产品包装材料的选择应考虑农产品的种类、特性、储存和运输要求等因素。常见的包装材料如下。

1）纸质材料。如纸箱、纸盒等，纸质材料具有成本低、可回收、易于印刷等优点，适用于多种农产品的包装。

2）塑料材料。如塑料袋、塑料盒等，塑料材料具有防潮、防虫、保鲜等优点，但需注意环保和可降解性。

3）木材和作物材料。如木箱、竹筐等，木材和作物材料适用于一些需要防潮、防压的农产品。

4）复合材料。如铝箔复合膜、真空袋等，复合材料具有优异的保鲜、隔氧、隔光等性能，适用于一些高价值的农产品。

（3）农产品包装的要求

1）包装材质。应选择符合国家卫生标准的包装材料，如纸箱、塑料袋等，材质要求经济、环保、耐用。

2）包装尺寸。包装尺寸应适合农产品的大小，保证农产品在运输过程中的安全性和完整性，并确保包装占用空间合理。

3）标识要求。包装上应标明农产品的品种、产地、生产日期、保质期等信息，保证消费者能够准确了解产品的基本情况。

4）包装操作。包装操作应符合食品卫生标准，包装人员应穿戴整洁、符合卫生要求的工作服，保证农产品在包装过程中不受污染。

5）包装检验。农产品包装应根据国家标准进行检验，包装的质量合格后方可出厂或上市。

6）包装标准。针对不同农产品，应有相应的包装标准，包括包装容量、包装形状、标识要求等。

7）运输包装。农产品在运输过程中需要合理选择合适的包装方式，以保证产品的安全和质量，同时减少损耗和浪费。

需要注意的是，不同国家和地区可能有不同的农产品包装管理规定，具体要根据当地法规和标准进行操作。

三、贮藏

1. 贮藏方法

作物产品收获后，应当及时晒干扬净，去除产品中的杂质、破碎粒、秕粒等，当产品的含水量达到安全贮藏要求时，应放到通风干燥的仓库内贮藏。

作物产品贮藏方法有容器贮藏、囤装贮藏、窖藏等，具体采用哪种贮藏方法，主要根据产品的贮藏特性而确定。多数作物产品采用容器贮藏法和囤装贮藏法贮藏。甘薯多采用半地下式棚窖贮藏法，一般棚窖入土深度为 0.8~1 m，总高度在 3 m 左右，宽度为 2.5~3 m，长度根据贮藏量而定。窖顶呈拱形，上面设有多个调节窖温的通风口。在棚顶外部覆盖一层塑料薄膜，四周用土压实，起保温作用。

2. 仓库虫鼠害防治

（1）仓库虫害防治

仓库虫害的防治要从加强仓储管理入手。一方面要保证屋顶和门窗能防雨雪，仓库要通风、防潮；另一方面要保证仓库内环境整洁，在储藏粮食之前，要彻底清除仓库内的垃圾、灰尘及仓库外面的杂草、垃圾等，打扫完仓库后还应当进行必要的消毒，尤其是对屋顶、贮藏设备内部等不易清扫的地方进行彻底消毒。

仓库虫害的防治方法主要有物理方法和化学方法两种。物理方法包括高温杀虫、低温杀虫、充氮降氧法、辐射法、黑光灯诱捕法等，化学方法包括喷洒药剂、空仓消毒和药剂熏蒸等。

（2）仓库鼠害防治

1）仓库鼠害防治措施。

①应当建造合理的防鼠建筑，即门窗要紧闭，不留缝隙，门槛要稍高一些，墙基和墙壁之间要填补严密，地面要求硬质化，通往室外的管道和电线周围要不留孔隙。

②要搞好卫生工作，尤其是仓库周围的杂草、垃圾、砖瓦石块等要清理干净，库存的农产品要适当垫高，并且与墙壁保持一定距离。贮藏期间，要经常检查有无鼠洞，若发现鼠洞，应及时封堵。

③在粮食、食品仓库等区域，可在门口安装挡鼠板，挡鼠板的高度应不低于 60 cm，再结合电力捕鼠器与慢性灭鼠药，可有效长期控制鼠害。

2）仓库鼠害防治方法。仓库鼠害防治通常采用捕鼠器械捕鼠和化学药剂灭鼠两种方法。常用的捕鼠器械有捕鼠夹、捕鼠笼、电子捕鼠器等。电子捕鼠器又称"电猫"，在使用过程中要注意：捕鼠线必须拉紧，要保证绝缘物绝缘良好；安放捕鼠线时，如果地面干燥，可以洒些盐水，以增强地面的导电性；要及时清理掉死亡的老鼠，防止畜禽等误食而引发二次中毒事故。

3）使用灭鼠剂的注意事项。

①灭鼠剂不能同食物、饲料混放，以防人畜误食中毒。

②要按规定用量投放毒饵，且要投到安全隐蔽的地方。

③灭鼠期间要照顾好婴幼儿，管好禽畜。使用灭鼠剂数天后，应将鼠药全部收回，集中处理，并组织人员收集和掩埋鼠尸。

职业模块 4
作物保护基础知识

培训课程 1

有害生物及其防治策略

了解作物有害生物及其防治策略。

一、有害生物及生物灾害

有害生物是指对农业生态系统、农业生产和农田等构成威胁的病、虫、草等生物，这些有害生物不仅直接危害农田，还会破坏农田生态系统平衡，进而影响农业可持续发展。生物灾害种类繁多，主要包括：细菌、真菌、病毒、类病毒和线虫等病害灾害；各种害虫和螨类等虫害灾害；一年生、二年生、多年生等杂草。

二、有害生物及生物灾害对农业生产的威胁

有害生物在农业生产中不仅会造成产量损失，还可直接导致农产品品质下降，营养成分含量降低，口感变差，甚至产生毒素或有害物质，影响人畜的安全与健康。全世界每年因病虫草害造成的粮食损失约占粮食总量的三分之一，其中病害、虫害和草害损失分别占 10%、14% 和 11%，全球每年因有害生物造成的经济损失高达 1.2 万亿美元。我国是世界上农作物病、虫、草等有害生物灾害发生较为严重的国家之一，常年发生以农作物为寄主的有害生物多达 1 700 余种，其中可造成严重危害的有害生物约 100 种，53 种属于最具危害性的有害生物。21 世纪初我国农作物病虫草害年均发生面积约 3 亿亩次，较 20 世纪 80 年代增加了 40% 左右。每年采用植保技术能挽回大量经济损失，但仍损失粮食 4 000 万吨/年，损失棉花 24%。加之高产精细耕作措施的出现，以及农作物的集约化栽培为有害生物提供了更适宜发生和存活的环境条件，有害生物对农业生产的威胁呈现有增无减的态势。

三、有害生物防治策略

遵循"预防为主，综合防治"的植保方针，即利用自然界中生物与生物、生物与环境之间的相互依存和相互制约关系，科学地运用农业、物理机械、化学、生物等多种手段，预防有害生物的发生。倘若有害生物大面积发生以后，要综合利用各种防治措施，因地制宜，将病、虫、草害的数量控制在不会引起作物产量或品质受到损失的水平，做到经济、安全和有效。

作物病害与防治

学习目标

掌握病害的种类、症状及防治方法。

一、作物病害的概念

作物病害是指作物在其生命过程中受到生物或非生物因子的胁迫，在形态、生理、细胞和组织结构上发生一系列病理变化，致使外部形态异常和内部结构改变，生理代谢异常，严重阻碍作物正常生长发育进程，引起产量降低、品质变差或生态环境遭到破坏的现象。

二、作物病害的种类及症状

1. 作物病害的种类

作物病害分为侵染性病害和非侵染性病害两大类。

（1）侵染性病害

由病原物引起的作物病害称为侵染性病害。按病原物分为真菌性病害、细菌性病害、病毒性病害和线虫病害等；按寄主作物分为作物病害、蔬菜病害、果树病害和森林病害等；按发病部位分为根部病害、茎部病害、叶部病害、果实病害等；按传播方式分为空气传播病害、水流传播病害、土壤传播病害、种子（幼苗）传播病害、昆虫媒介传播病害等。

（2）非侵染性病害

由营养、水分、温度、有害物质等不适宜的物理、化学等非生物环境因素直接或间接引起的不能传染的作物病害称为非侵染性病害，也称生理性病害。非侵染性病害主要包括营养失调、水分失调、温度不适、有害物质等。作物正常生长发育需要多种大量、中量和微量元素，当营养元素缺乏时作物不能正常生长发育，就会发生缺素性病变，表现为缺素症，容易引起生理性病害。水分在调节作物体温上起着至关重要的作用，当作物水分不足或过多时均可抑制作物生长，蒸腾作用减弱或停止，气孔关闭，光合作用不能正常运行，植株萎蔫，生长量降低，甚至整株凋萎枯死。作物生长发育都需要特定的温度，温度过高或过低时作物代谢过程即会受到阻碍，光合速率降低，导致作物生长受阻，甚至停止生长，最后萎蔫枯死。空气、水体、土壤和作物表面的有害物质，化工厂、电厂、砖瓦厂等工厂烟囱中排出的有毒物质，杀菌剂、杀虫剂、除草剂、作物生长调节剂等化学农药的不合理使用等，也都可对作物造成严重损伤，抑制作物根系生长，影响水分吸收，导致叶片褪色失绿，使作物细胞、组织死亡，直至植株枯死。

（3）作物病害典型特点（见表4-1）

表 4-1 作物病害典型特点

侵染性病害	非侵染性病害
田间发生时一般呈分散状分布	大面积同时发生，田间分布比较均匀
具有明显病征	没有病征
有传染性，有明显的发病中心	没有传染性，没有明显的发病中心
有的病害在田间扩展还与某些昆虫有联系	病害发生与环境条件、栽培管理措施关系密切，采取适当措施，可使病状恢复正常

2. 作物病害的症状

作物感染病害后外表所显现出来的各种各样的病态特征称为症状，症状包括病状和病症。

（1）病状

作物病害的病状主要分为变色、坏死、腐烂、萎蔫、畸形五大类型。

1）变色。作物患病后局部或整株失绿，如叶绿素受抑制或破坏，出现褪绿和黄化；花青素形成过剩，叶片变红或紫红；有的叶片黄绿相间，形成花叶等。

2）坏死。作物的细胞组织或器官受到破坏而死亡。作物发病后常见的坏死现象是病斑，病斑可以发生在作物的根、茎、叶、果实等多个部位，有褐斑、黑斑、灰斑、白斑、紫斑等，形状有圆形、椭圆形、梭形、多角形及不规则形等。

3）腐烂。作物组织细胞受到破坏、消解或凋亡，因水分流出而腐烂，如根腐、茎腐、鞘腐、果腐和穗腐等。

4）萎蔫。作物全部枝叶或部分枝叶因出现失水状态而凋萎下垂，可分为生理性萎蔫和病理性萎蔫。生理性萎蔫是由于土壤中缺水或高温时过分的蒸腾作用，而使作物叶片、顶部嫩茎失去膨压而表现萎蔫下垂，若及时供水，植株可以恢复正常。病理性萎蔫是指作物根或茎的维管束组织受病原物侵害，大量菌丝体堵塞导管或产生毒素，阻碍和影响水分运输，造成作物叶片凋萎、枯黄，导致黄萎、枯萎或青枯，这种萎蔫大多不能恢复，会直接导致作物死亡。

5）畸形。畸形是指作物病组织或细胞生长受阻或过度增生而造成形态异常。常见的畸形有全株节间缩短、分蘖增多，病株比健株矮小，称为矮缩，如水稻普通矮缩病等；作物病株比健株生长得特别细长或高，称为徒长，如水稻恶苗病等；局部病组织细胞发育不平衡，常见于叶面高低不平，称为皱缩；作物根、茎或叶上形成突起的增生组织，称为疣肿，如玉米疣黑粉病等。

（2）病症

作物发病后除表现出以上病状外，往往还会在发病部位伴随着各种病原物形成的特征性结构，叫病症。常见的病症有霉状物、粉状物、粒状物和脓状物。

霉是真菌性病害常见的病症，不同的病害其霉层颜色、结构、疏密等差异很大，一般可分为霜霉、灰霉、青霉、黑霉、白霉等。

粉状物是某些真菌孢子密集聚集在一起所表现出的特征，根据孢子颜色不同又可分为白粉、锈粉、黑粉等。

病原菌常在病部产生一些大小、形状、颜色各异的粒状物。

脓状物是细菌特有的特征性结构，在病部表面溢出含有许多细菌和胶质物的液滴，称作菌脓或菌胶团。

三、作物病害的防治方法

作物病害的防治原则是消灭病原物或抑制其发生与蔓延，提高寄主作物的抗病能力，控制或改造环境条件，使之有利于寄主作物而不利于病原物，抑制病害的发生和发展。一般着重于作物群体的预防，因地因时根据作物病害的发生发展规律，采取综合防治措施。每项措施要能充分发挥农业生态系统中的有利因素，避免不利因素，避免公共伤害和人畜中毒事件，把病害发生程度压低到经济允许的水平之下，以获得最大的经济效益。主要的防治方法有作物检疫、农业防治、生物防治、物理防治和化学防治等。

1. 作物检疫

作物检疫是通过法律、行政和技术的手段，防止危险性作物病害的人为传播，保障农业安全，促进国内国际贸易发展的措施。它是人类同自然长期斗争的产物，也是当今世界各国普遍实行的一项制度。

作物检疫是一项传统的作物保护措施，但又区别于其他的病害防治措施，是作物保护领域中的一个重要部分，其内容涉及作物保护中的预防、杜绝或铲除等各个方面，也是最有效、最经济、最值得提倡的防治方法，有时甚至是某一有害生物综合防治计划中唯一一项具体措施。作物检疫的特点是从宏观层面整体上预防一切（尤其是本国、本区域范围内没有的）有害生物的传入、定植与扩展。

检疫法规以某些病原物的生物学特性和生态学特点为理论依据，根据它们分布的地域性、扩大分布危害地区的可能性、传播的主要途径、对寄主作物的选择性和对环境的适应性，以及原产地天敌的控制作用及能否随同传播等情况制定。同时，对农产品的包装材料以及可以或禁止从哪些国家或地区进口，只能经由哪些指定的口岸入境和进口时间等，也有相应的规定。凡属国内未曾发生或仅局部曾发生，一旦传入将对本国的主要寄主作物造成较大危害而又难于防治者，在自然条件下一般不可能传入而只能随同作物及其产品，特别是随同种子、苗木等作物繁殖材料的调运而传播的病害等均定为检疫对象。确定的检疫方法一般是先通过对本国农林业有重大经济意义的有害生物的危害性进行多方面的科学评价，然后由政府部门确定正式公布。

2. 农业防治

通过采取农业综合措施、调整和改善作物的生长环境，以增强作物对病害的抵抗力，创造不利于病原物生长发育或传播的条件，来控制、避免或减轻病害危害。农业主要防治方法如下。

（1）轮作

对寄主范围狭窄、食性单一的有害生物，轮作可恶化其营养条件和生存环境，或切断其生命活动过程的某一环节。对一些土传病害和专性寄主或腐生性不强的病原物，轮作是最有效的防治方法之一。

（2）间作、套作

合理选择不同作物实行间作或套作，辅以良好的栽培管理措施，是防治病害发生的重要途径之一。

（3）作物布局

合理的作物布局，如有计划地集中种植某些品种，使其易于受害的生育阶段与病害发生侵染的盛期相配合，可诱杀有害生物，减轻大面积危害。在一定范围内采用一熟或多熟种植，调整春播、夏播面积的比例，均可控制有害生物。种植制度或品种布局的改变还会影响有害生物的生活史、发生代数、侵染循环过程和流行时期。

（4）翻耕整地

翻耕整地和改变土壤环境，可使生活在土壤中，和以土壤、作物根茬为越冬场所的有害生物经日晒、干燥、冷冻、深埋或被有益微生物侵染。

（5）播种

调节播种时间可使作物易受害的生育阶段避开病害发生侵染盛期，如适当推迟冬小麦的播种时间可减少丛矮病的发生。此外，合适的播种深度、种植密度和方法，结合种子、苗木的精选和药剂处理等，可促使苗齐苗壮，影响田间小气候，从而控制苗期有害生物危害。

（6）水肥管理

水肥管理包括水分调节、合理施肥等措施。施用腐熟有机肥可杀灭肥料中的病原物，合理施用氮、磷、钾肥，可减轻病害发生危害的程度。

3. 生物防治

生物防治是指利用生物或其代谢产物来控制作物病害的发生、发展和蔓延的病害防治方法。其主要包括利用天敌微生物和利用生物制剂进行防治。

（1）利用天敌微生物进行防治

某些微生物能够寄生在引起作物病害的病原物上，从而抑制或消灭这些病原物。例如，利用细菌、真菌、病毒等微生物的拮抗作用来防治作物病害，这些微生物能够产生抗生素、细胞壁降解酶等物质，破坏病原物的生长和繁殖。

（2）利用生物制剂进行防治

生物制剂是指由生物体产生的具有防治病害功能的物质，如植物源农药、微生物源农药等。这些生物制剂具有低毒、高效、环保等优点，对环境和人体健康无害，同时能够有效地控制作物病害的发生和发展。

生物防治是通过利用生物间的相互作用关系来控制病害，而不是单纯依赖化学农药进行防治。这种病害防治方法不仅有助于保护生态环境，还能提高农产品的品质和安全性。

4. 物理防治

物理防治是指利用简单工具、器械和各种物理因素，如光、热、电、温度、湿度和放射能、声波等防治病害的措施。人工捕杀和清除病株、病部及使用简单工具诱杀、设置障碍防除是物理防治措施中最传统的措施。人为升高或降低温湿度，如晒种、热水浸种或高温，均可消灭病原菌。

5. 化学防治

化学防治是指利用化学农药对病虫害进行防治的方法，目前是最常见也是最常用的防治方法。化学防治的优点在于能高效、快速、及时地对病虫害进行防治，具有广谱和使用方便的特点。但是，化学防治也存在很多缺点，如容易引起人畜中毒、污染环境、误杀有益生物、破坏生态平衡、产生耐药性等。

培训课程 3

作物虫害与防治

学习目标

了解昆虫的特征、习性和防治方法。

一、昆虫的特征与危害

昆虫是动物界中种类最多的一个类群，其身体构造复杂。由于昆虫长期的演化，适应了各种环境，形成了不同的种类。

1. 昆虫的头部及其附器特征与危害

头部是昆虫躯体最前面的一个体段，以膜质的颈与胸部相连。头壳坚硬，常呈圆形或椭圆形。由于在进化过程中，体壁内陷形成许多的沟与缝，将头壳表面分为若干区。位于头壳前方是额区，下方是唇区，两侧为颊，上方为头顶，头顶后方为后头及后头孔。头部着生多种附器，包括触角、眼、口器等。如图 4-1 所示。

触角着生于两眼之间，是昆虫感觉和传递信息的重要器官，具有嗅觉和触觉功能。触角基本构造可分为柄节、梗节和鞭节三部分，触角类型因昆虫种类及雌雄不同而不同，常见的有丝状、刚毛状、念珠状、球杆状、膝状、鳃片状、具芒状、环毛状、羽毛状等（见图 4-2）。

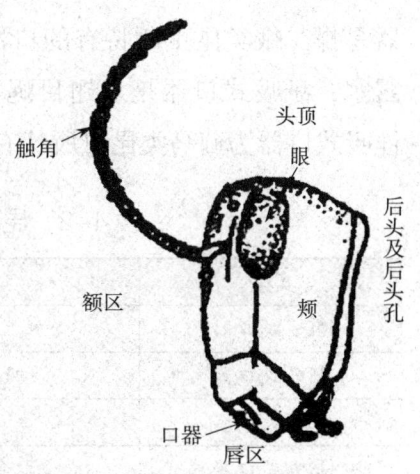

图 4-1 昆虫的头部及其附器

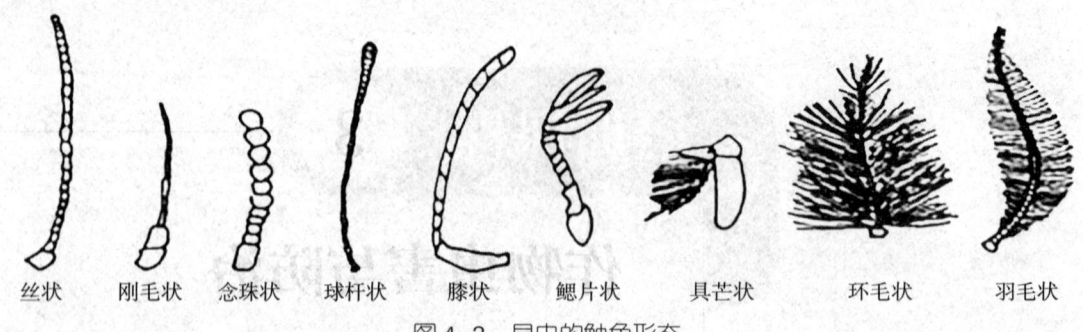

丝状　刚毛状　念珠状　球杆状　膝状　鳃片状　具芒状　环毛状　羽毛状

图4-2　昆虫的触角形态

眼是昆虫的视觉器官，分为复眼和单眼。复眼1对，位于头部上方两侧，由许多小眼组成，是昆虫主要的视觉器官；单眼一般为0~3个，呈倒三角形排列在两复眼间。复眼可看清近距离物体的形象，并对颜色有一定分辨能力；单眼只能分辨光线的强弱和方向，不能看清物体的形状。

口器是昆虫取食的器官，位于头部的下方或前端，由属于头壳的上唇、舌以及头部的3对附肢组成。昆虫口器因其食性和取食方式的不同而在外形和构造上也发生相应的特化，形成不同的口器类型。昆虫的口器类型主要包括咀嚼式口器、刺吸式口器、虹吸式口器、舐吸式口器和锉吸式口器。咀嚼式口器是最基本、最原始的口器类型，适用于取食固体食物，如蝗虫、蟑螂等；刺吸式口器由咀嚼式口器特化而来，主要用于吸食作物汁液或动物血液，如蚊子、虱子等；虹吸式口器是蝶、蛾类昆虫所特有的口器，可以伸进花瓣中吸取花蜜或吸食外露的果汁和露水；舐吸式口器是双翅目蝇类昆虫的口器，适合取食糊在平面的偏液态食物；锉吸式口器为蓟马类昆虫所特有，能取食食物汁液或软体动物的体液。见表4-2。

表4-2　昆虫口器类型、特点及代表性昆虫

类型	特点	代表性昆虫
咀嚼式口器	取食固体食物	蝗虫、蟑螂
刺吸式口器	吸食作物汁液或动物血液	蚊子、虱子
虹吸式口器	蝶、蛾类昆虫所特有	粉蝶
舐吸式口器	取食糊在平面的偏液态食物	苍蝇
锉吸式口器	取食食物汁液或软体动物的体液	蓟马

2. 昆虫的胸、腹部特征

胸部是昆虫的第二体段，由前胸、中胸和后胸3个体节组成。各胸节的侧下方均着生1对足，依次称前足、中足和后足；在中胸和后胸的背面两侧，通常各

着生1对翅，称为前翅和后翅。足和翅是昆虫的主要运动器官。每一胸节均由4块骨板组成，位于背面的称为背板，两侧的称为侧板，腹面的称为腹板。胸部通常还有两对气门，位于中、后胸两侧的侧板上。

腹部是昆虫的第三体段，腹腔内有消化、排泄、呼吸、神经、循环和生殖等器官。腹部末端有外生殖器和尾须，腹部一般由9~11节组成，各体节只有背板和腹板，背板与腹板之间以侧膜相连。后相邻的两腹节间通过节间膜相连，可以互相套叠，从而使腹部弯曲和伸缩，利于昆虫进行交配、产卵等生理活动。腹部1~8节两侧各有1对气门。雄性外生殖器称为交尾器，一般由1个管状输送精子的生殖器和1对锹状的抱握器组成。雌性外生殖器称为产卵器，由2~3对瓣状物组成，即腹产卵瓣、内产卵瓣和背产卵瓣。各类昆虫产卵的环境不同，致使产卵器的外形有很大差别，如蝗虫的产卵器呈凿状、蝉的产卵器呈锯状、姬蜂的产卵器呈针状等。昆虫的雄性外生殖器因种类而异，因而造成种间隔离。昆虫外生殖器的形状和构造常作为分类和鉴别上的依据。

二、昆虫的主要习性

常见昆虫的主要生活习性分为假死习性、趋性、食性和群集性。

1. 昆虫的假死习性

一些昆虫遇到外界惊扰就暂时停止活动或自动掉落下来，好像死去一样，这种习性叫作假死性。例如，苹毛金龟子、铜绿金龟子、小地老虎和黏虫的幼虫等，在受到突然振动时会立即作强直性麻痹状昏迷，坠地装死。因此，人们可以利用它们的假死性进行捕杀。

2. 昆虫的趋性

昆虫对外界的光、热、化学物质的刺激有趋向或背离的习性，叫作趋性。按照刺激物的种类及性质，趋性可分为：趋光性、趋化性、趋温性、趋水性、趋触性和趋声性。

3. 昆虫的食性

昆虫对食物的选择是非常严格的。据统计，植食性昆虫约占比48.2%，腐食性昆虫约占比17.3%，寄生性昆虫占比2.4%，捕食性昆虫占比28%，其余的为杂食性昆虫。

4. 昆虫的群集性

有些昆虫有群集行为，特别是刚孵化后的低龄幼虫常常集居在一起，如舟形毛虫幼龄的幼虫常群集危害；幼龄的天幕毛虫在树杈间结网，群集在网内；二十八星瓢虫集居在一起越冬等。

三、昆虫与环境条件

昆虫的发生发展除与本身的生物特性有关外，还与环境条件有密切的关系。影响昆虫种群数量的环境因素主要有气象、土壤、食物、天敌等因素。

1. 气象因素对昆虫的影响

气象因素主要包括温度、湿度与降雨、光照、气流等。这些因素在自然界中常相互影响并共同作用于昆虫。气象因素可直接影响昆虫的生长、发育、繁殖、存活、分布、行为和种群数量动态等，也能通过对昆虫的寄主（食物）、天敌等的作用而间接影响昆虫。

（1）温度

温度是气候因素中对昆虫影响最显著的一个因素，由于昆虫属于冷血动物，其体温基本由环境温度决定，温度不仅能直接影响昆虫的代谢速率，还对昆虫的生长、发育和繁殖等多方面产生着重要作用，同时也能通过影响昆虫的食物、自然天敌和其他气候因素，间接作用于昆虫。

（2）湿度与降雨

湿度主要是影响昆虫的成活率、生殖力和发育速率等，从而影响昆虫种群的消长。降雨与湿度有着密切的关系，所以，降雨可以直接影响昆虫种群的数量变化，暴雨对许多小昆虫有直接的机械冲刷和杀伤作用。同时，湿度和降雨还可通过影响天敌和食物间接地对昆虫产生影响。

（3）光照

光照对昆虫的作用包括光的辐射热、波长和周期3个方面。光的辐射热对昆虫的影响即为温度对昆虫的影响。昆虫的趋光性与光的波长关系密切，许多昆虫都具有不同程度的趋光性，并对光的波长具有选择性，农业生产上常利用昆虫对波长的选择性来诱捕害虫。光周期主要是对昆虫的生活节律起着一种信息反应，许多种类的昆虫对光周期的年变化反应极为明显，表现在昆虫的季节生活史、滞育特征、世代交替及季节性多型现象。

（4）气流

气流主要影响昆虫的飞行活动，特别是昆虫的扩散和迁移受气流的影响最大。气流的强度、速度和方向将直接影响昆虫扩散、迁移的频度、方向和范围。

2. 土壤因素对昆虫的影响

土壤是昆虫的一个特殊生态环境，很多昆虫的生活都与土壤有密切的关系。有些昆虫终生在土壤中生活，有些昆虫大部分虫态是在土壤中度过的。许多昆虫在一年中的温暖季节在土壤外面活动，而到冬季则以土壤为越冬场所。土壤因素主要包括土壤温度、土壤湿度、土壤理化性质等。

（1）土壤温度

一些地下昆虫往往随土壤温度变化而上下移动，以栖息于适温土层。春天土温上升时，则向上移动到适温的表土层；夏季土温较高时则向下移动到适温的表土层。昆虫在一昼夜之间也有其一定的活动规律，如蛴螬、小地老虎等夏季多于夜间或清晨上升到土表危害作物，中午则下降到土壤下层。

（2）土壤湿度

生活在土壤中的昆虫大多对湿度要求较高，湿度过低或淹水时都会影响其分布、生存、发育和生命活动。

（3）土壤理化性质

土壤理化性质包括土壤机械组成、有机质、土壤酸碱度和含盐量，对土栖昆虫或半土栖昆虫的活动与分布有很大的影响，将直接影响在土壤中生活的昆虫生命活动。

3. 食物因素对昆虫的影响

昆虫与其他动物一样，必须利用作物或其他动物所制成的有机物取得生命活动过程所需要的能量，有没有足够必需的食物关系到其能否在这个生境中生存。同时，存在的食物是否适合于这种昆虫的要求，又关系到这个生境中种群数量的问题。昆虫种类繁多，不同种类昆虫的食性也不同。按食物的性质可将昆虫分为：植食性昆虫、肉食性昆虫、腐食性昆虫；按其食性专门化的不同程度可分为：单食性昆虫、寡食性昆虫和杂食性昆虫。

食物直接影响昆虫的生长、发育、繁殖和寿命等。如果食物数量足、质量高，则昆虫生长发育快，自然死亡率低，生殖力强，相反则生长慢，发育和生殖均受到抑制，甚至因饥饿引起昆虫个体大量死亡。一些昆虫在成虫期有取食补充营养的特点，如果得不到营养补充，则产卵很少或不产卵，寿命也会缩短。

4. 天敌因素对昆虫的影响

在昆虫的生长发育过程中，会由于被其他生物寄生或捕食而死亡，这些生物称为昆虫的天敌。天敌是影响昆虫种群数量的一个重要因素。昆虫的天敌种类很多，大致可分为昆虫病原微生物、捕食性天敌昆虫、寄生性天敌昆虫和有益动物。昆虫病原生物主要包括细菌、真菌、病毒等，这些病原生物常会引起昆虫患病而大量死亡；捕食性天敌昆虫的种类很多，这些捕食性天敌昆虫可大量捕食害虫，在害虫控制中具有非常重要的作用；寄生性天敌昆虫主要有膜翅目的寄生蜂和双翅目的寄生蝇；有益动物在自然界中有不少，如蜘蛛、鸟类和青蛙等都可用来防治害虫。具体天敌类型及代表生物见表4-3。

表4-3 天敌类型及代表生物

天敌类型	代表生物
昆虫病原微生物	细菌（如芽孢杆菌等）、真菌（如白僵菌等）、病毒（如细胞核和细胞质多角体病毒等）、线虫（如索线虫等）
捕食性天敌昆虫	螳螂、猎蝽、草蛉、瓢虫、食虫虻、食蚜蝇、虎甲、步甲等
寄生性天敌昆虫	赤眼蜂、平腹小蜂等
有益动物	蜘蛛、肉食螨、青蛙、蟾蜍、蜥蜴、壁虎、啄木鸟、燕子、杜鹃、山雀、蝙蝠、刺猬、鸡、鸭等

四、作物虫害的防治

1. 作物检疫

预防、杜绝或铲除外来虫害的传入、定植与扩展。

2. 农业防治

（1）轮作

如大豆食心虫仅危害大豆，采用大豆与禾谷类作物轮作，就能防治其危害。水旱轮作（如稻麦、稻棉轮作）对麦红吸浆虫具有良好的防治效果。

（2）间作、套作

合理选择不同作物实行间作或套作是防治虫害的途径。如麦、棉间作可使棉蚜的天敌（如瓢虫等）顺利转移到棉田，从而抑制棉蚜的发展，并由于小麦的屏障作用而阻碍有翅棉蚜的迁飞扩展。高矮秆作物的配合也不利于喜温湿和郁闭条件的害虫发育繁殖。

（3）作物布局

适当压缩春播玉米面积，可使玉米螟食料和栖息条件恶化，从而降低早期虫源基数等。

（4）翻耕整地

冬翻可以使生活在土壤中以土壤、作物根茬为越冬场所的害虫暴露出来，然后被冻死或者暴晒，甚至被天敌捕食，从而减少害虫基数。对生活史短、发生代数少、寄主专一、越冬场所集中的虫害防治效果尤为显著。

（5）播种

播种包括调整播期、密度、深度等。调节播种期，可使作物易受害的生育阶段避开虫害发生侵染盛期。

（6）水肥管理

灌溉可使害虫处于缺氧状况下窒息死亡。稻田适时地晒田有助于防治飞虱、叶蝉。施用腐熟有机肥可杀灭肥料中的虫卵。

（7）收获

收获的时期、方法、工具以及收获后的处理与虫害防治密切相关。如大豆食心虫、豆荚螟等，均以幼虫脱荚入土越冬，若收获不及时，或收获后堆放田间，就较有利于幼虫越冬繁衍。

3. 生物防治

（1）微生物防治

常见的有应用真菌、细菌、病毒和能分泌抗生物质的抗生菌，如应用白僵菌防治马尾松毛虫，苏云金杆菌各种变种制剂防治多种害虫，应用病毒粗提液防治蜀柏毒蛾、松毛虫、泡桐大袋蛾等。

（2）寄生性天敌防治

寄生性天敌主要有寄生蜂和寄生蝇，最常见的有赤眼蜂、寄生蝇防治松毛虫等多种害虫，肿腿蜂防治天牛，花角蚜小蜂防治松突圆蚧。

（3）捕食性天敌防治

捕食性天敌主要为捕食性节肢动物，如瓢虫、螳螂、蚂蚁等昆虫，还包括蜘蛛和螨类等。

4. 物理防治

物理防治是指利用简单工具和各种物理因素，如光、热、电、温度、湿度和放射能、声波等防治虫害的措施。人工捕杀、诱杀是最常用的灭虫措施，常用人为升高或降低温湿度（如晒种、热水浸种或高温处理消灭虫害等方式），利用昆虫趋光性、仿生学、辐照等方式消灭害虫。

5. 化学防治

化学防治是指利用化学杀虫剂对虫害进行防治的方法。化学防治的优点在于能够快速、高效、及时地对虫害进行防治，具有广谱性和使用方便的特点。

培训课程 4 作物草害与防治

学习目标

了解农田杂草的种类、危害和特性,掌握农田草害的防除方法。

一、农田杂草的危害

杂草主要是指农田中非有意栽培的作物,或能够在人类试图维持某种植被状态的环境中不断自然延续其种族,并影响这种人工植被状态维持的一类作物。杂草造成作物的产量和品质下降是巨大的,其主要危害在于与农作物争夺水分、养分、光照等,影响作物生长,降低作物产量和品质。同时杂草会增加田间管理的用工,增加成本;杂草也是病菌和害虫的寄主,增加病虫害的繁殖与传播的速度;甚至部分有毒的杂草会危害人畜健康。

二、农田杂草的种类

按照杂草的外部形态,可以分为阔叶杂草、禾本科杂草和莎草科杂草。阔叶杂草又分为双子叶阔叶杂草和单子叶阔叶杂草。禾本科杂草主要有稗草、狗尾草和芦苇等杂草。莎草科杂草主要有牛毛毡、水莎草等杂草。按照杂草的生活史分类可以分为一年生杂草、二年生杂草和多年生杂草。一年生杂草只能靠种子繁殖,多年生杂草既能靠种子繁殖又能靠地下营养繁殖器官繁殖。以新疆为例,其主要农作物优势杂草种类见表4-4。

表 4-4 新疆主要农作物优势杂草种类

作物	优势杂草
棉花	新疆兵团机采棉田优势杂草为龙葵、灰绿藜、田旋花、反枝苋，区域性优势杂草为野西瓜苗； 北疆棉田优势杂草为龙葵、灰绿藜和田旋花，区域性优势杂草为野西瓜苗、反枝苋、苘麻和马齿苋； 新疆南部棉田优势杂草为稗草、扁秆草、田旋花、灰绿藜，区域性优势杂草为芦苇
小麦	北疆小麦田杂草以菊科、豆科、禾本科为主，稗草为优势杂草，灰绿藜和卷茎蓼为区域性常见杂草； 南疆小麦田杂草以菊科、禾本科、藜科为主，灰绿藜、稗草、播娘蒿、萹蓄、硬草、田旋花、离蕊芥、小蓟、苣荬菜为优势杂草
玉米	新疆玉米田优势杂草以稗草、狗尾草、灰绿藜、野西瓜苗、苘麻、凹头苋为主
水稻	新疆水稻田优势杂草以稗草、浮萍为主
甜菜	新疆甜菜田优势杂草为稗草和灰绿藜，区域性优势杂草为反枝苋
加工番茄	新疆加工番茄田优势杂草以芦苇、稗草、灰绿藜、马齿苋为主

1. **农田杂草的生物学特性**

（1）多实性、连续结实性和落粒性

大多数杂草的结实数高于作物数十倍乃至数百倍，如藜、苋等每株结实粒数可达 10 000 粒以上，酸模叶蓼、狗尾草、稗草等结实数在 1 000 粒以上。一年生杂草的营养生长和生殖生长往往是同时进行的，其结实期可从其伴生作物的生育中期一直持续到生长季节末期，如荠菜、反枝苋、马唐、稗草等。种子成熟后，经风吹即脱落入土中，或随风、水流传播到其他地方，不会因收获作物被清出田外。

（2）长寿性

杂草种子的寿命一般都很长。藜和大爪草的种子可在土壤中存活 1 700 年以上，繁缕和匍枝毛茛的种子寿命可达 600 年左右，狗尾草和野燕麦的种子寿命在土壤中可分别维持 9 年和 3 年以上。

（3）多途径传播

人类的引种、播种、灌溉、施肥、耕作、整地、移土、包装运输等活动都有可能直接或间接地将杂草传播到其他地区。此外，杂草还可通过风、水、鸟类或其他动物传播。许多杂草具有适于传播的作物学性状，例如，菊科杂草，其种子上有冠毛，形似降落伞，极易被风吹至数百千米以外。马唐和薹属杂草种子长有浮毛，易随水传播；还有的草种子的种皮具有蜡质，它们易悬于水中或浮于水面传播蔓延；苍耳、鬼针草等的果实具有倒钩，可附着在动物的皮毛或人的衣服上进行传播；荠菜、车前、早熟禾、繁缕的种子经动物消化后仍有发芽能力，可通过陆上动物、鸟类、畜禽粪便的施用传播。

（4）多途径授粉

杂草一般既能异花授粉，又能自花授粉，且对传粉媒介要求不严格，其花粉均可通过风、水、动物或人从一株传到另一株上。杂草多具有远缘亲和性和自交亲和性，如旱雀麦、紫羊茅、泽兰等自交可育，而栽培泽兰则自交败育。

（5）出苗时间不确定性

作物种子出苗多整齐一致，杂草则不同，其出苗期可自作物播种期一直持续到作物的成熟收获期。这主要是由于不同草籽的休眠度不同，因而在适宜的萌发条件下，随着各草籽休眠的陆续解除而使田间不断出现新的杂草；不同草籽对萌发条件的要求和反应不同，对发芽条件要求不严格的草籽一般萌发出土较早；作物中耕，在铲除已出苗杂草的同时，又常把处于土壤深层的草籽翻至表层，为其萌发出苗创造了条件，致使田间多次出现杂草出苗高峰。

（6）可塑性

在密度较低的情况下，杂草能通过其个体结实量的提高来产生足量的种子，或在极端不利的环境条件下，缩减个体并减少物质的消耗，保证了种子的形成，以延续其后代。藜和苋的株高可低到 1 cm，高至 300 cm，结实数可少到 5 粒，多到百万粒以上。稗草密度为 1 株/盆时，其分蘖数为 3.3 个/株，单株干重为 13.3 g；当密度升到 20 株/盆时，分蘖数为 0，单株干重降低到 1.2 g。此外，当土壤中杂草种子密度很大时，种子发芽率会大大下降，从而避免了由于其群体过大而引起个体死亡率增加。

（7）具有 C_4 光合途径

许多重要杂草都是 C_4 作物。C_4 作物净光合速率、光合呼吸比率、水氮利用效率等都较高，因而在田间具有较强的竞争优势，尤其是在高光强和高温条件下更为明显。例如，稗草和水稻在同样的稻田生态环境中，由于稗草是 C_4 作物，其净光合速率高，生长迅速，因而严重抑制了其他作物的正常生长。

（8）对作物的拟态性

稗草与水稻，谷子与狗尾草，亚麻与亚麻荠等，它们在形态、生育规律以及对环境条件的要求上都有很多相似之处。杂草对作物的这种拟态使其在农田中经常鱼目混珠，给除草（特别是人工除草）带来了极大困难。狗尾草经常混杂在谷子中，被一起播种、管理和收获，甚至在脱壳后的小米中仍可找到许多草籽。

2. 杂草与环境

杂草是在长期适应当地作物、栽培、耕作、土壤、气候等生态环境及社会条件中生存下来的。土壤水分、盐碱度、湿度和光照、人为因素（耕作制度、栽培措施、防治措施）等均可对杂草产生影响。

3. 杂草的传播

杂草的传播机制是指杂草种子离开母株的方式。杂草的传播是多种多样的，可分为主动传播和被动传播。主动传播也称为自动传播或机械传播，是指杂草种子仅依赖自身而不需要依赖外界媒介来完成的传播，如十字花科杂草，其种子可借果皮开裂而脱落散布。被动传播是杂草种子的主要传播扩散方式，包括生物和非生物传播因子，如通过风、水、动物等自然途径传播，也可随进出口货物、交通工具、引种或携带等人为途径传播。

三、农田草害的综合防除

1. 农业防除

利用水、电、激光、微波等物理方法防除杂草。利用覆盖、遮光、高温等原理用塑料薄膜覆盖种菜、铺纸种稻、秸秆覆盖种植等方法进行除草。利用各种耕翻、耙地、中耕松土等措施，进行播种前及各生育期除草，能铲除已出土的杂草，或将草籽深埋，或将地下茎翻出地面使之枯死。轮作是防除农田杂草的有效措施，如水田杂草眼子菜和牛毛草在水旱轮作时，其生长发育大受抑制。冬麦田中的越冬性杂草荠菜、播娘蒿可通过与春作物轮作进行防除。

2. 生物防除

利用动物、昆虫、病菌等防除某些杂草，如在稻田中养鱼来消灭杂草，也有释放某种昆虫来吃食仙人掌、三棱草等害草。

3. 作物检疫

严格杂草检疫制度，精选种子，凡属我国没有或尚未广为传播的杂草必须严格禁止输入或严加控制。加强检疫，杜绝国外杂草的侵入，防止恶性杂草迁移。

4. 化学防除

化学除草是利用化学药剂防除杂草的方法。目前，所有的作物、蔬菜、果园、草地、林地、公园、铁路、机场等地的各类杂草均有相应的除草剂。

四、专家系统在作物病虫草害防治中的应用

1. 作物病虫草害诊断与鉴别

对作物病虫草害的正确诊断是及时防治的关键。由于病虫草害种类较多,仅仅依据其危害症状和粗略地识别来进行防治很难达到理想的效果。作物病虫草害专家系统是根据人们认识事物的习惯,由浅入深、由表及里、由现象到本质地把已有的病虫草资料编制成的系统,其能达到迅速确定目标信息的目的,从而得到最佳的防治时期和方案。

作物病虫草害诊断根据作物患病的部位、患病时所处的生长时期、患病后表现的典型特征和储存过程中的特征等信息,来诊断作物所患病虫草害的种类。其中,作物患病部位及表现的症状为诊断的关键。表现的症状主要包括病斑的颜色、形状以及特征等,如椭圆、水渍、边缘灰褐色、中央灰白色、病斑不规则。当然,无论哪种病虫草害,作物在不同生长时期以及患病程度的表现症状也不相同。如果用户根据显示的病虫草害特征,能够准确地判断出是某一确切类型的病虫草害,则称用户对该病虫草害是肯定的确认;如果用户能够很明确地判定该病虫草害不是某一类病虫草害,则称为该病虫草害是否定的确认;用户可通过显示的病虫草害特征,反复确认相应的病虫草害。用户描述的信息越全面越准确,专家系统的诊断越精确。专家系统可将诊断出的病虫草害的危害特征、危害规模、发病条件和病虫草害的一些自身特征等相关信息显示出来,从而由用户来确认发生的是何种病虫草害。

2. 作物病虫草害预测预报

病虫草害预测预报可为病虫草害及时预防与治疗提供关键指导,在病虫草尚未造成危害时及时用药,可减少农药施用量,对降低生产成本、保护环境都是非常有益的。通过整理特定地区往年不同时期的农作物发病情况与病虫草害发病规律,结合当年的气象条件,对农作物潜在的发病情况进行预测。预测指标包括该地区的降雨条件、温度变化、湿度变化、光照等指标,可有效推测未来可能发生病虫草害的类型。粮食病虫草害预测模型可以推算预测在粮食作物生长周期当中病虫草害发生的种类,为提前采取有效的防治措施提供科学依据。

3. 作物病虫草害综合防治决策

专家系统可提供不同作物病虫草害防治信息,包括化学防治方法、物理防治方法、农业防治方法、生物防治方法等。

职业模块 5
收获和贮藏基础知识

学习目标

了解农产品收获时期、收获方法以及农产品处理和贮藏方法等。

农产品是指来源于种植业、林业、畜牧业和渔业等的初级产品,即在农业活动中获得的作物、动物、微生物及其产品。

按照生产行业划分,农产品可分为种植业产品、林业产品、畜牧业产品和渔业产品四类。按照用途划分,农产品可分为食用农产品、饲用农产品和其他原料性农产品。按照产品品质、生产标准以及管理方式等划分,农产品可分为无公害农产品、绿色农产品、有机农产品和地理标志农产品,简称"三品一标"。按培育技术划分,农产品可分为转基因农产品和非转基因农产品。

一、农产品收获

1. 收获时期

收获时期主要根据不同作物的成熟度、产品用途和气候条件等加以掌握。作物成熟度可分为生理成熟度和商品成熟度(或工艺成熟度)。以收获籽粒为主的作物,其生理成熟期与商品成熟期基本一致,生理成熟期即为收获适期。如水稻、小麦、玉米等禾谷类作物籽粒的收获时期是在蜡熟末期至完熟初期。玉米收获时期果穗苞叶变黄而松散,籽粒乳线消失,籽粒基部出现黑层。十字花科的油菜虽也宜在生理成熟时收获籽粒,但因其为无限花序,开花延续时间长,角果成熟时间极不一致,收获过迟就会有部分角果因过度成熟而开裂,使籽粒脱落,影响产量,一般宜在终花后 25~30 天、约有 2/3 角果呈现黄色时收获。以收获茎、叶等为主的作物,一般不以植株成熟与否为收获适期。如甘蔗应在茎内蔗糖成分积累达到最大值或符合糖厂的质量要求时收获,麻类应在茎纤维产量高且品质好时收割,这时整个植株尚未达到成熟。

作物收获期还常因其主产品的利用目的而不同。大豆作菜用时一般在豆荚饱满时采收,而采收干种子的大豆,则宜在茎荚干枯、籽粒较干硬时收获。玉米作青饲用时,宜在乳熟期茎、叶内营养物质含量较多、水分适中时收获,作籽粒用时则在籽粒完熟时收获。

有些作物的产品器官无明显的成熟期,而主要是根据气候情况来确定收获时期。如以营养器官的块根为主产品的甘薯,地上茎叶无明显的成熟迹象,只要气候条件适宜,仍能继续生长。为了保证产量和质量,一般宜在当地平均气温降到 15 ℃时开始收获,收获过早时产量和出干率降低,过迟则常因低温冷害影响薯块品质。

2. 收获方法

作物收获的方法分为人工收获和机械收获两种。人工收获方法包括收割、挖取、摘取、拔蔸等。多数禾谷类作物、豆类作物及油料作物采用杀割法,用镰刀收割后再脱粒,有时也采用拔蔸方法收获。甘薯、芋头等薯类作物多采用挖取方法,一般是先将地上部分用镰刀割去或手工拔除,然后用工具挖取。人工收获玉米一般是在茎秆直立的情况下,将玉米穗连同苞叶一起整个掰下,再集中去除外边的苞叶。收获棉花时直接将籽棉从棉株上摘取下来,再进行机械脱籽。

机械收获是利用各种机械进行作物收获,如用联合收割机收获小麦、水稻、玉米、油菜等,可以一次性完成割秆、脱粒、秸秆还田等多项作业,工作效率高,有利于抢茬耕种。

二、农产品处理

1. 脱粒

脱粒是指把农作物的籽粒从谷穗或其他结实器官中脱离出来的作业。脱粒是农作物收获过程中不可或缺的步骤,其直接关系最终收获的谷粒品质和数量,常见的脱粒方法有手工脱粒、机械脱粒、自然脱粒。在进行脱粒作业时,需要注意以下几点。

(1)选择适宜的脱粒时机

不同作物的脱粒时机各不相同,需要根据作物的成熟度和天气条件来选择最佳的脱粒时机,过早或过晚脱粒都可能影响谷粒的质量和数量。

(2)合理调节脱粒机的参数

对于机械脱粒来说,合理调节脱粒机的参数至关重要。参数包括滚筒转速、喂入量、清选风量等,这些参数的合理设置将直接影响脱粒效果和谷粒损失率。

(3)注意安全操作

脱粒作业存在一定的安全隐患,特别是在使用机械脱粒时。操作人员需要严格遵守安全操作规程,穿戴好防护用品,确保作业过程中的安全。

2. 干燥

农产品干燥的主要目的是去除农产品中多余的水分,防止其在储存和运输过程中发生霉变、腐败或变质，从而延长储存期限，并保持农产品的品质。同时，干燥还可以使农产品更易于加工、运输和销售。

农产品干燥的方法多种多样，根据干燥介质和原理的不同，可以分为自然干燥和人工干燥两大类。以下是一些常见的农产品干燥方法。

（1）自然晾晒

将农产品摊放在通风良好、阳光充足的地方，利用自然风力和阳光进行干燥。这种方法简单易行，成本低廉，但受天气条件影响较大，干燥周期较长。

（2）热风干燥

利用热风炉产生的热空气对农产品进行干燥。这种方法虽干燥速度快，但能耗较高，且可能对农产品的品质产生一定影响。

（3）太阳能干燥

利用太阳能集热器收集太阳辐射能，并将其转换为热能对农产品进行干燥。这种方法虽环保节能，但同样受天气条件影响较大。

（4）热泵干燥

利用热泵技术将空气中的热量转移到农产品中，使其水分蒸发。这种方法干燥速度快、干燥效果好、能耗低，但设备成本较高。

（5）微波干燥

利用微波能量对农产品进行加热，使其内部水分子振动并产生热量，从而实现快速干燥。这种方法虽干燥速度快，但设备成本较高，且可能对农产品的品质产生一定影响。

（6）真空冷冻干燥

在真空环境下，利用冰晶升华的原理对农产品进行干燥。这种方法能较好地保持农产品的原有特性，但成本较高。

农产品干燥是农产品加工和储存过程中的重要环节，需要根据农产品的种类、形状、大小、含水量以及干燥要求等因素选择合适的干燥方法。在进行人工干燥作业时需要注意防火、防爆等安全问题，确保作业过程的安全。

3. 去杂

农产品去杂是指在农产品收获、加工和储存过程中，通过物理或机械方法去除其中的杂质，如沙石、秸秆、破损粒、杂草种子等无食用价值的物质，以提高农产品的质量和纯度，延长储存期限的措施。农产品去杂的方法有物理去杂、机械去杂和手工去杂。

（1）物理去杂

物理去杂的方法主要有风选、筛选、磁选。

1）风选。利用风力将轻重不同的杂质和农产品分离。例如，通过风车或风扬机将轻质的杂草、糠壳等杂质吹走。

2）筛选。利用筛孔大小不同的筛子将农产品和杂质分离。这种方法适用于去除与农产品大小不同的杂质，如沙石、秸秆等。

3）磁选。利用磁力将农产品中的铁质杂质去除。这种方法适用于去除混入农产品中的铁钉、铁屑等金属杂质。

（2）机械去杂

机械去杂的设备主要有清选机、脱皮机。

1）清选机。利用机械装置将农产品和杂质分离。清选机通常具有多个工序，如去石、筛选、磁选等，可以一次性完成多种去杂任务。

2）脱皮机。对于某些需要脱皮的农产品（如稻谷、小麦等），可以利用脱皮机在脱皮的同时去除杂质。

（3）手工去杂

对于小批量的农产品或杂质含量较少的农产品，可以采用手工去杂的方法。例如，通过人工挑选将杂质从农产品中分离出来。

根据农产品的种类、杂质类型和含量选择合适的去杂方法。例如，对于稻谷等谷物类农产品，可以采用风选和筛选相结合的方法；对于需要脱皮的农产品，可以优先考虑使用脱皮机进行去杂。在去杂过程中需要控制温度、湿度、风速等条件，以确保去杂效果和产品品质。例如，在风选过程中需要控制风力大小和风向，以避免农产品受到损伤。在进行机械去杂作业时需要注意防火、防爆等安全问题，确保作业过程的安全。同时，操作人员需要遵守操作规程，佩戴好防护用品。

以小麦为例，在小麦加工过程中需要去除其中的石子、杂草、碎壳等杂质，可以通过风选、筛选和磁选等方法实现。经过去杂处理后的小麦更加纯净，能够更好地用于加工小麦制品，如面粉、面条等。同时，在小麦田间管理阶段也需要进行去杂去劣工作，以提高小麦种子的纯度和产量。

三、农产品贮藏

农产品贮藏是指在农业生产过程中，为了延长农产品的保鲜期和储存期而进行的一系列管理措施。农作物的种子是有生命的，在贮藏期间仍会呼吸。其呼吸作用有无氧呼吸和有氧呼吸两种形式，两种呼吸都能产生热量和二氧化碳，而有氧呼吸能产生水分，无氧呼吸还能产生酒精。热能和水分都不利于种子的安全贮藏，随着贮藏温度的上升和水分的增加，会造成农作物种子的霉坏变质。而二氧化碳和酒精的积累，则会使种子中毒，从而降低或丧失生命力。贮藏的方式有常温贮藏、温控贮藏、气控贮藏、物理贮藏、化学贮藏。

农产品贮藏的要求是：保持原有颜色、气味和其他性质，不得有虫蛀、鼠咬、发霉、腐烂等情况发生。种子的贮藏必须保持其旺盛的生命力，即有较高的发芽率和较强的发芽势。

随着科技的不断进步和人们对食品安全与品质要求的提高，农产品贮藏技术也在不断发展。未来农产品贮藏将更加注重环保、安全和高效性。例如，利用生物技术和信息技术来开发新型保鲜剂和贮藏管理系统；利用太阳能、风能等可再生能源来驱动冷藏和冷冻设备；通过智能化管理来实现对贮藏环境的精确控制等。

农产品贮藏是一个涉及多方面因素的复杂过程。只有掌握了农产品采后的各种生命活动规律，并采取科学有效的贮藏管理措施，才能最大限度地延长农产品的保鲜期和储存期，满足市场需求并提高经济效益。

1. 谷类作物的贮藏

（1）小麦的贮藏

小麦具有后熟期长、耐高温、吸湿性强、耐储性强但易生虫等特点。小麦有如下贮藏方法。

1）热入仓密闭贮藏。这是我国传统的储麦方法。通过夏季高温暴晒小麦，降低其含水量并杀死害虫，然后趁热入仓密闭贮藏。具体方法是：选择晴朗、高温的天气，将小麦摊开暴晒至水分降至12.5%以下。于下午3时左右将小麦聚堆，趁热入仓，整仓密闭。使粮温在46 ℃左右持续10天左右，以杀死全部害虫。

2）低温密闭贮藏。低温贮藏是小麦长期安全贮藏的基本方法。通过降低贮藏环境的温度来延缓小麦品质的劣变，并抑制害虫和微生物的繁衍。具体方法是：秋凉以后进行自然通风或机械通风，使其充分散热。春暖前进行压盖密闭以保持低温状态。也可利用冬季严寒进行翻仓、除杂、冷冻处理，将麦温降至0 ℃后趁冷密闭。

3）自然缺氧贮藏。利用小麦后熟期长及入仓后呼吸旺盛的特点，在密闭条件下进行自然缺氧贮藏。这种方法适用于新收获的小麦，并需要在收获后一周内完成入仓密闭贮藏。

4）化学贮藏。在密闭性能较好的情况下，可使用磷化铝等化学药剂进行贮藏，以防治害虫。在操作中需注意药剂的安全性和使用方法，避免其对人体和环境造成危害。

小麦贮藏前应充分晾晒以降低其含水量至安全标准（12.5%）以下。入库后也需做好防潮措施，并关注后熟期间可能引起的水分分层和上层"结顶"现象。通过设置防虫线和防虫网、拌谷物保护剂、减少开启仓门仓窗、降低粮温、低氧保管等措施防治害虫感染和繁衍。贮藏期间需定期检查小麦的温度、湿度、虫害和霉变情况。发现问题应及时采取措施处理，以防止损失扩大。贮藏小麦的仓房应保持清洁干燥无异味，并定期进行消毒处理以防止交叉感染和霉变发生。

（2）水稻贮藏

1）晾晒或烘干。除杂后的稻谷应立即通过晾晒、抽风、烘干等方法干燥降水，使之达到安全贮存含水量以下。稻谷的安全贮藏水分根据品种的不同略有区别，籼稻、粳稻、糯稻含水量一般分别为15%、14%、13%。

2）低温和低湿储存。稻谷堆积导热性不良，可利用秋凉以后气温渐低的有利时机，打开仓房门窗、容器口通风降温，并进行压盖密封，实行低温、低氧贮藏，增强贮藏稳定性。

3）仓库选择与管理。选择干燥通风、防虫防鼠的仓库进行贮藏。仓库内部应保持干燥，通风良好，避免霉变和发霉。在贮藏前，要彻底清理仓库，确保没有积尘或杂物，并检查和修复任何可能导致渗漏的问题。

4）包装和密封。应使用透气性好、防潮性强的包装材料，如编织袋、密封塑料袋等。确保包装袋或容器密封良好，以防止空气、水分和害虫的侵入。

2. 薯类作物的贮藏

（1）马铃薯的贮藏方法

1）预储处理。刚收获的马铃薯块茎尚处于后熟阶段，呼吸旺盛，会分解出大量的二氧化碳、水分和热量，不能立即入库。应放在15～20℃、氧气充足、有散射光或在黑暗的环境中预储5～7天，使块茎保护部位形成木栓保护层，以阻止氧气进入和病菌侵入。切勿放在烈日下暴晒，以免薯皮变绿、茄素增加，影响品质。

2）贮藏条件。马铃薯适宜的贮藏温度为3～5℃，湿度为90%～95%。4℃是大部分品种的最适贮藏温度，此时块茎不易发芽或发芽很少，也不易皱缩。

3）挑选与分级。贮藏前要严格挑选，去除病、烂、受伤及有麻斑和受潮的不良薯块。按薯块大小分开贮藏，由于薯块大小不同，因此薯块间隙和通气性不同，其休眠期也不尽相同。

4）堆放与通风。堆放高度应适中，一般不超过 3 m，且贮藏量不能超过全库容积的 2/3，最好为 1/2。薯堆中应设置通气筒或通风道，以便通风换气，降低薯堆温度，防止薯堆过热和二氧化碳积累。

5）温度与湿度控制。在贮藏过程中，应根据季节变化调节温度与湿度。秋季和初冬时，夜间应打开通风系统让冷空气进入，白天则应关闭通风系统以阻止热空气进入。冬季应注意保温，必要时还要加温。春季气温回升后，采用夜间短时间放风、白天关闭的方法以缓和库温的上升。湿度必须保持在85%～93%，以防止薯块因失水萎蔫或湿度过大而腐烂。

6）药物贮藏。可采用青鲜素或萘乙酸甲酯等药剂进行处理，以抑制或减少发芽，抑制病原微生物的繁殖，并起到防腐的作用。

（2）甘薯的贮藏方法

1）采收与挑选。选择晴天、土壤湿度较低时收获甘薯，减少机械损伤。贮藏前应先进行挑选，剔除病虫害、机械损伤、萎蔫的薯块。

2）贮藏条件。适宜的贮藏温度范围为 10～15 ℃，相对湿度为80%～95%。

3）预储与愈伤。刚收获的甘薯可在田间晾晒 3～6 h，以促进伤口愈合。在温度为 35～38 ℃、湿度为85%～90% 的环境下进行愈伤处理，愈伤时间一般为 48～72 h。

4）堆放与通风。堆放高度应适中，散堆堆码高度不超过 1.5 m，透气编织袋、塑料网眼袋包装堆码高度不超过 6 层，箱装堆码高度应不超过贮藏库净高度的75%。薯堆排列方式、走向及间隙与库内空气环流方向一致，薯垛间、薯垛距墙、薯堆内通道都要留有适当距离，以便于空气环流散热。

5）温度与湿度控制。贮藏期间应定期检查温度和湿度，并根据需要进行调节。可通过在贮藏库内放置水盆、湿毛巾等方式增加湿度，或使用加湿器或除湿机进行精确调控。

6）消毒与防病。贮藏前对贮藏窖或通风库、辅助设施及包装材料进行彻底消毒。可使用过氧乙酸、二氧化氯、硫黄等密闭熏蒸 1～2 天，然后通风 1～2 天；或使用次氯酸钠溶液喷雾、饱和的生石灰水喷洒等方法消毒。贮藏期间应定期检查甘薯表面是否有病斑、虫洞等迹象，一旦发现应立即处理，防止病情扩散。

3. 其他作物的贮藏

（1）花生的贮藏

1）贮藏温度。花生既不耐低温，也不耐高温。贮藏温度应控制在适宜的范围内，一般花生果在仓内或露天散存均可，水分控制在9%以内，就能较长期地储存。花生仁则需在8%以下的含水量和不超过20 ℃的温度下才能长期保存。低温有助于抑制花生的呼吸作用和微生物的活动，从而延长贮藏期。但若温度过低也可能导致花生受冻，因此需根据实际情况选择合适的贮藏温度。

2）贮藏湿度。贮藏环境的湿度对花生的贮藏效果有很大影响。湿度过高易导致花生霉变和虫害发生，因此应保持贮藏环境的干燥。贮藏期间应定期检查环境湿度，并根据需要进行调节。可以使用除湿机、干燥剂等工具来降低湿度。

3）通风。贮藏环境应具备良好的通风条件，以保持空气流通并降低湿度。通风还可以带走贮藏期间产生的热量和湿气，有利于花生的长期贮藏。

4）荚果贮藏。荚果贮藏是种用花生的一般贮藏方式，在荚壳保护下，种子不易被虫霉危害，晒干后不易受潮。荚果贮藏可以采用室内贮藏、露天贮藏、仓库贮藏等方式。南方产区以室内贮藏为主，北方产区以露天贮藏为主。

5）种仁贮藏。种仁贮藏是食用或种用花生的贮藏方式。花生米的取用须待荚果干燥后进行。种仁贮藏应切实把握好干燥、低温、密闭三个环节。控制种仁的含水量在8%以下，温度不超过20 ℃，并采用密闭保管方式以防止虫害感染和外界温湿度的影响。

6）贮藏期间管理。贮藏期间应定期检查花生的贮藏情况，包括含水量、温度、湿度、虫害情况等。发现问题应及时处理。

（2）大豆的贮藏

1）充分干燥。大豆脱粒后要抓紧晾晒，降低其含水量。需要长期贮藏的大豆含水量不得超过12.5%，含水量高容易霉变。

2）适时通风。新入库的大豆籽粒间含水量不均匀，加之后熟作用，呼吸旺盛，大豆堆内湿热积聚较多，若正值气温下降季节，极易产生结露现象。因此，大豆入库3~4周时，应及时通风，以增强大豆的耐藏性。

3）低温密闭。在严冬季节将大豆进行冷冻，采用低温密闭贮藏，既可以隔绝外界温湿度的影响和害虫感染，又能防止浸油、赤变，有利于保持大豆品质。

职业模块 ❻
农田灌溉知识

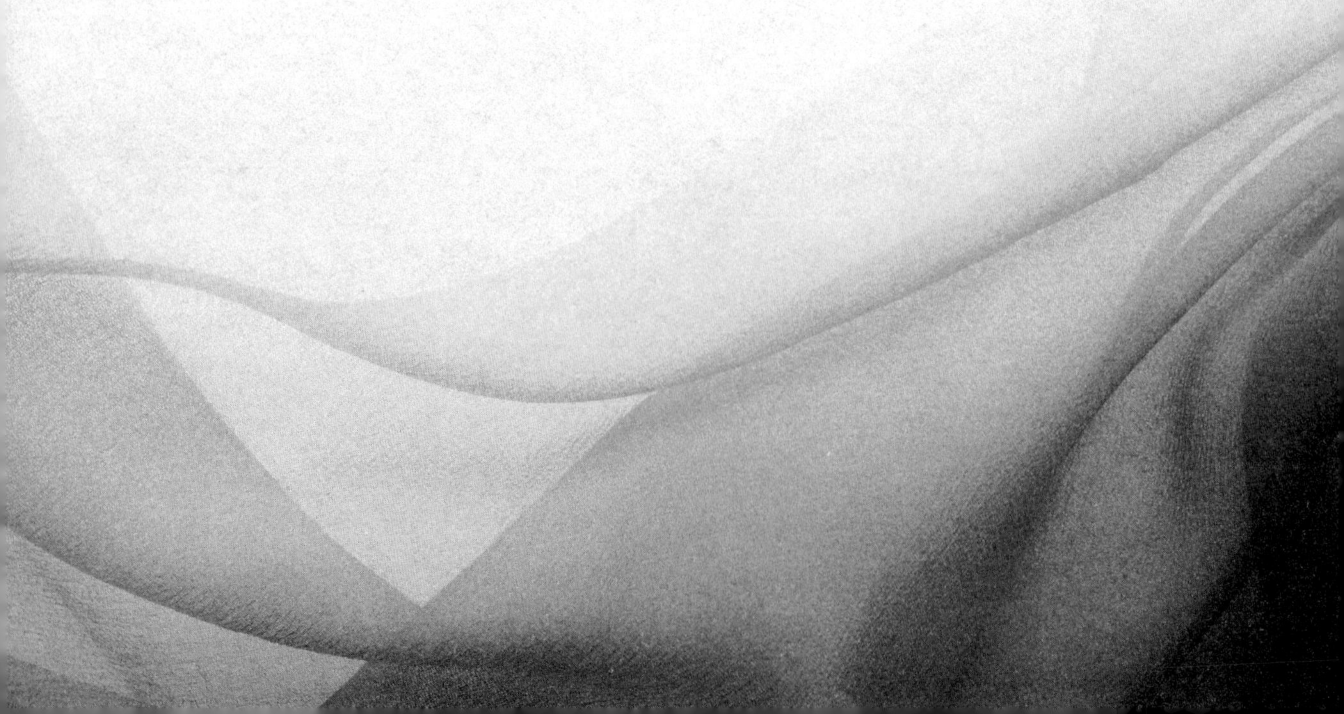

了解作物对水分的需求量，及其不同作物不同时期对水分的需求，熟悉作物水分的临界期及合理灌溉指标，掌握节水灌溉技术。

一、作物对水分的需求

1. 作物需水量

作物需水量是指作物生长发育所需要消耗的水量。不同作物需水量不同，作物各生育阶段的需水量和对水分的敏感程度也不同。

影响田间作物需水量的主要因素有：气象条件、作物种类、土壤性质和农业措施等。气温高、空气干燥、风速大，作物需水量就大；生长期长、叶面积大、生长速度快、根系发达以及蛋白质或油脂含量高的作物需水量大；就生产等量的干物质而言，大多数 C_3 作物需水量大于 C_4 作物。

作物需水量的大小取决于作物生长发育和对水分需求的内部因素和外部因素。内部因素是指对需水规律有影响的生物学特性，与作物种类、品种以及生长阶段有关；气候条件（包括太阳辐射、气温、相对湿度、水面蒸发量、风速等）和土壤条件（包括土壤质地、含水量等）属于外部因素。在土壤水分充分的情况下，气象因素是影响作物需水量的主要因素。同时，农业技术措施也会对作物需水产生影响。

2. 作物不同生育时期需水量

作物不同发育期的需水量差别很大。在整个生育期中，一般前期需水量小，中期达高峰，后期又减少。生殖生长时期，往往是需水临界期。如禾谷类作物的孕穗期，对缺水最为敏感，此期缺水，对作物生长发育极为不利，可造成大幅减产。

（1）小麦不同生育时期需水量

1）种子萌发到分蘖前期。此阶段为幼苗期，主要进行营养生长。此阶段根系发育速度特别快，蒸腾面积较小，因此耗水量小、水分需求量小。

2）分蘖末期至抽穗期。此阶段主要包含返青期、拔节期和孕穗期。此阶段小穗分化，茎、叶、穗开始发育，叶面积快速增大，耗水量最多。若此阶段缺水，会导致小穗分化不良或发育畸形，茎生长受阻，产量低。此时期是小麦的第一个水分临界期。

3)抽穗至开始灌浆。此时主要处于受精、种子胚胎发育和生长阶段。此阶段因为上部叶片蒸腾作用强烈,若供水不足,会从花器官和下部叶中抽取水分,从而导致粒数减少,产量降低。

4)开始灌浆至乳熟末期。此阶段主要进行光合产物的运输和分配。若此阶段缺水,有机物液流运输受阻,会造成灌浆困难,籽粒瘦小,产量降低。同时,水分不足也会影响光合作用,减少有机物合成。此时期为小麦第二个水分临界期。

5)乳熟末期至完熟期。此阶段物质运输基本完成,种子逐渐风干,已不需供水。

(2)水稻不同生育时期需水量

1)栽秧期。不论采取哪种栽培方式(人工栽插、机插或抛秧),扦插时田面均应保持薄水层,以使株行距一致,插得深浅一致,不漂秧,不缺穴,返青快。插秧和气温关系极大,若气温较低,水层可浅些;若气温较高,为避免损伤秧苗,应适当加深水层,一般以3~5cm为宜。

2)返青期。水稻秧苗移栽后,应立即灌深水,这有利于返青。尤其在气温高、湿度低的条件下栽插的秧苗,栽后要注意深水护苗,最好白天灌深水护苗,晚上排水,以促返青发根。

3)分蘖期。此期以浅水灌溉为主,浅灌勤灌,只保持1~2cm水层。或是实行间歇灌溉,方法是田间灌1次水,保持3~5天浅水层,以后让其自然落干,待田间无明水、土壤湿润时,再灌1次水。分蘖期若田间灌水过深,将妨碍田间土温的上升,或使水稻分蘖节部位昼夜温差过小,影响分蘖的早生快发。此时若水层过深使土壤通气不良,会加剧土壤中有害物质的积累,影响根系生长和吸收能力,严重时还会出现黑根、烂根等现象。对于土质黏重或高肥田块,秧苗返青早的宜湿润灌溉;对于土质差或中低肥力的稻田,要保持较长时间的浅水层。

4)分蘖末期。为了抑制无效分蘖的发生,促进根系的发育,巩固有效穗,为生殖生长打下基础,需要排水搁田。搁田的程度视土壤而定,正常情况下,搁田以土壤出现3~5cm细裂缝为复水标准。搁田可使水稻无效分蘖显著减缓,植株形态上表现叶色褪淡落黄,叶片挺立,土壤达到沉实,田面露白根,复水后入田不陷脚,全田均匀一致。生产上可采取分次轻搁方法,具体措施如下:每次搁田时间约为0.5个叶龄期,一般为4~5天,搁田后当0~5cm土层的含水量达到最大含水量的70%~80%时再复水。

5）拔节孕穗期。此时期主要采用浅湿交替灌溉。具体方法为：田间保持经常处于无水层状态，即灌1次2~3 cm深的水，自然落干后不立即灌第2次水，让稻田土壤露出水面透气，待2~3天后再灌2~3 cm深的水，如此反复，形成浅水层与湿润层交替的模式。剑叶露出以后，正是花粉母细胞减数分裂后期，此时田间应建立水层，并保持到抽穗前2~3天，再排水轻搁田，促使"破口期"落黄，以增加稻株的淀粉积累，促使抽穗整齐。

6）抽穗开花期。此期对水稻来说，光合作用强，新陈代谢旺盛，对水分的需求较敏感，耗水量仅次于拔节孕穗期。为抵御高温干旱或低温等逆境气候的伤害，应适当加深灌溉水层到4~5 cm，最好采用喷灌。

7）乳熟期。抽穗开花后，籽粒开始灌浆，此时既要保证土壤有较高的湿度，确保水稻正常的生理需水，又要注意使土壤通气，以便保持根系活力和维持上部功能叶的寿命。一般采用浅湿交替灌溉的方式较好，即采用灌溉—落干—再灌溉—再落干的方法。

8）腊熟期。水稻抽穗20~25天之后穗梢呈黄色下沉，进入黄熟期。此时水稻的耗水量急剧下降，为了保证籽粒饱满，要采用干湿交替的灌溉方式，并减少灌溉次数。收割前一星期左右稻田应排水落干。

（3）棉花不同生育时期需水量

1）播种至出苗期。此阶段为棉籽发芽出苗时期，土壤相对含水量以60%~70%为宜，过少种子易落干，影响发芽出苗；过多易造成烂种，影响全苗。用干播湿出来补充田间棉花苗蕾期需水量。一般干播湿出滴水量为每亩10~15方为宜。

棉花苗期需水量少，适于棉苗生长的1 m土层田间相对含水量保持在55%~65%为宜。在土壤底墒好的情况下，苗期一般不浇水，以蹲苗促根。

2）蕾期。棉花现蕾后需水量倍增，蕾期土壤相对含水量以60%~70%为宜。过少抑制发棵，延迟现蕾，过多易引起棉株徒长。

头水灌溉很重要，适时适量滴头水对棉花丰产至关重要。头水一般在初花或盛蕾期灌溉。过早滴头水，易形成旺苗田，过晚则棉苗丰产的架子搭不起来。

棉花蕾期要以增长与增蕾数为目标，对于壮苗田要做到，一水要晚，二水要赶。对于旺苗田要做到，一水要晚，棉秆上红茎再滴头水，水量要小，拉长二水间隔期，达到促转化、稳长蕾的目的。对于弱苗田，要早进头水，酌情补氮，田间不能旱，适时增施磷钾肥，早搭丰产的架子。

3）花铃期。棉花花铃期需水量达高峰期，阶段需水量占总需水量的一半以上。土壤水分以田间含水量的70%~80%为宜，过少会引起早衰，过多会造成棉株徒长，低于60%时急需灌溉。

此时期滴水频次和量都要相应增加，尤其在7月中下旬的高温时段。每次滴水不宜过多，否则会引起棉株徒长；滴水过少则会导致干旱，还会影响棉花授粉、掉蕾掉铃和早衰。

4）吐絮期。生长后期棉株需水量骤降，需水强度与蕾期近似。土壤水分以田间含水量的55%~60%为宜，利于秋桃发育，增加铃重，促进早熟和防止烂铃。

机采棉田建议早停水，以新疆为例，北疆在8月下旬停水，南疆在9月上旬停水。过晚停水会影响机采脱叶质量和皮棉品质，过早停水棉花易早衰，影响单铃重。

3. 作物的水分临界期

作物的水分临界期也称为需水临界期，是指农作物在其生长发育的不同阶段中对水分敏感程度不同的时期。这一时期，水分状况对作物的产量影响最大，忍受和抵抗干旱的能力大大减弱。如果缺水，作物新陈代谢将不能顺利进行，生长受到抑制，作物会显著减产。

不同作物需水临界期所处的时段有所不同，但基本上都处于从营养生长至生殖生长的这段时期。例如，以生产种子或果实为目的的作物，其需水临界期大多出现在从营养生长向生殖生长过渡的时段。以生产块根为目的的甜菜、以生产茎秆为目的的甘蔗、以生产叶子为目的的烟草等，它们的需水临界期都在营养生长时段内。在作物生理反应方面，需水临界期是一个比较长的时段，如水稻的需水临界期是孕穗、抽穗与开花期。在此时段内，由于蒸发蒸腾强度不同，缺水对作物生长、发育、产量的影响也不同。蒸发蒸腾强度越高时，水分亏缺对作物的生长影响越大。因此，结合气候条件考虑，需水临界期一般是在需水高峰期或其临近时段。

二、合理制定灌溉指标

1. 土壤指标

一般来说，适宜作物正常生长发育的根系活动层（地下0~90 cm）的土壤含水量为田间含水量的60%~80%，如果低于此含水量时，应及时进行灌溉。土壤含水量对灌溉有一定的参考价值，但是由于灌溉的对象是作物，而不是土壤，所以最好应以作物本身的情况作为灌溉的直接依据。

2. 形态指标

根据作物在干旱条件下外部形态发生的变化来确定是否进行灌溉。作物缺水的形态表现为：幼嫩的茎叶在中午前后易发生萎蔫；生长速度下降；叶、茎颜色由于生长缓慢，叶绿素浓度相对增大，而呈暗绿色；茎、叶颜色有时变红，这是因为干旱时碳水化合物的分解大于合成，细胞中积累较多的可溶性糖，形成较多的花色素，而花色素在弱酸条件下呈红色的缘故。如棉花开花结铃时，叶片呈暗绿色，中午萎蔫，叶柄不易折断，嫩茎逐渐变红，当上部3~4节间开始变红时，就应进行灌溉。从缺水到引起作物形态变化有一个滞后期，当形态上出现上述缺水症状时，说明作物在生理上已经受到一定程度的损伤了。

3. 生理指标

生理指标可以比形态指标更及时、更灵敏地反映作物体的水分状况。作物叶片的细胞汁液浓度、渗透势、水势和气孔开度等均可作为灌溉的生理指标。植株在缺水时，叶片是反映植株生理变化最敏感的部位，叶片水势会下降，细胞汁液浓度会升高，溶质势会下降，气孔开度会减小，甚至关闭。当有关生理指标达到临界值时，就应及时进行灌溉。例如，棉花花铃期，当倒数第4片功能叶的水势值达到 $-1.4\,\text{MPa}$ 时就应进行灌溉。

三、节水灌溉技术

1. 改进地面灌溉技术

改进地面灌水技术包括采用先进的平地灌水技术和地面灌水技术，改进沟、畦灌溉技术要素等。具体包括如下几种。

（1）小畦（沟）灌溉

小畦（沟）灌溉是我国北方井灌区行之有效的一种节水地面灌溉技术（见图6-1），它是通过将传统的长畦、宽畦进行改造，缩短畦沟长度，可缩短灌水流程，减少沿畦产生的深层渗漏。其具有节约灌水量，提高灌水均匀度和灌水效率的优点。生产应用中表明，当畦长 30~50 m，畦宽 1.5~3.0 m 时，灌水定额在 600~900 m^3/hm^2。如果畦长达到 80~100 m 时，灌水定额超过 1 200 m^3/hm^2。因此，在灌溉设施较差、经济薄弱的地区，通过平整土地，缩短田间沟畦长度，能够在不增加灌溉投资的条件下节约用水。

图 6-1 小畦（沟）灌溉

（2）覆膜地面灌溉

覆膜地面灌溉技术是在覆膜种植的基础上进行灌溉的一种新型地面灌溉技术（见图 6-2）。它是将地膜平铺在畦、沟中，畦沟全部被地膜覆盖，利用地膜输水，并通过作物放苗孔和专业灌水孔入渗给作物供水的灌溉方法。膜上灌形式有开沟扶埂膜灌、培埂灌、膜孔灌、沟内膜上灌、膜缝灌、格田膜上灌、膜侧膜上灌等。地膜覆盖的膜上灌溉具有明显节水、保肥、增温和促进作物生长、高产、优质及灌水质量高的优点。膜上灌溉较土畦（沟）灌溉速度快 1.3~1.5 倍，节水 20% 以上，作物增产 15%~20%。该项灌水方法必须和覆膜技术相结合，可用于膜上灌的作物有棉花、蔬菜、玉米、小麦、水稻等。

图 6-2 覆膜地面灌溉

（3）波涌灌水

波涌灌水技术是通过向沟或畦间歇性供水，从而依次产生一连串的供水和不供水的周期（见图6-3）。通常水流是向两组沟或畦交替供水（1~2 h），直到灌水完成为止。波涌灌水技术比一般连续水流沟、畦灌水节水15%以上。在有风的条件下，灌水效率比平移式喷灌可提高10%~15%，节能50%以上，而且由于其灌水均匀，作物产量和质量均可得到提高。

图6-3　波涌灌水

（4）多孔软管灌溉

多孔软管灌溉技术是通过对软管灌溉技术进行改进而发展起来的一种新的灌溉技术（见图6-4），它是在软管上进行打对孔，利用所打的放水孔将水均匀分配到两侧的畦田内进行灌溉。多孔软管灌溉技术要求工作水头低，仅1~6 m水头即可正常工作，不需特别的增压设备，与农村常用农机和水泵结合使用即可。多孔软管灌溉技术投资少，结构简单，符合农村实情，该管通常是在农用"小白龙"软管上按一定规则打孔即可制作完成。使用多孔软管进行灌溉，田间灌水均匀度超过80%，比常规的土畦、沟灌节水40%~60%，灌水时间缩短3~5倍。由于其具有喷水功能，能改善土壤环境和农田小气候，促进作物生长，作物品质和产量均可提高。该灌水方法不受水源限制，可用于机井灌溉，也可利用坑塘水源，在没有水源的地方要用车拉水进行灌溉。

（5）控制性地面灌溉

控制性地面灌溉技术是将常规地面灌溉技术和作物生理效应相结合的一种新的灌溉技术，它通过对作物根系进行交替供水，使作物根系一半处于干旱状态，一半处于湿润状态，作物通过根系信号传递，控制气孔开度，从而达到节水增产的目的。控制性地面节水灌溉技术进行交替灌溉或局部湿润灌溉，不仅使田间土壤水的利用效率得以显著提高，而且较好地改善了作物根区土壤透气性，促进根系生长，具有节水和增产双重特点。实践证明，春小麦与春玉米套种隔畦灌，棉花、玉米等宽行作物隔沟灌或隔沟交替灌，湿润面积可减少50%，节水30%以上，增产幅度5%~10%。该节水措施适合特别缺水地区，但需要技术支持。

2. 喷灌技术

喷灌是把由水泵加压或靠自然落差形成的有压水，通过压力管道送到田间，再经喷头喷射到空中，形成细小水滴，均匀地洒落在农田，以达到灌溉目的的一种灌溉技术。一般来说，其优点是灌水均匀，占耕地少，节省人力，对地形的适应性强。其缺点是受风的影响大，设备投资高。在我国用得较多的有以下几种喷灌技术。

（1）固定管道式

干支管都埋在地下（也有的把支管铺在地面，但在整个灌溉季节都不移动），这样管理更省人力，可靠性高，使用寿命长，但设备投入大，使用塑料管道的系统单位造价为 12 000~18 000 元 /hm^2，有的甚至达到 22 500 元 /hm^2。如图 6-4 所示。

（2）半移动式

干管固定，支管移动，这样可大大减少支管用量，从而使得每公顷投资仅为固定式的 50%~70%，但是移动支管需要较多人力，并且若管理不善，支管容易损坏。为了避免或减少因支管移动带来的费工、易损等不足，近年来发明了一些使用机械移动支管的方式，可以部分或全部克服这一缺点。如图 6-5 所示。

图 6-4　固定管道式喷灌

图 6-5　半移动式喷灌

（3）中心支轴式

将支管支撑在高 2~3 m 的支架上，全长可达 400 m，支架可以自己行走，支管的一端固定在水源处，整个支管环中心点绕行，像时针一样，边走边灌。由于其可以使用低压喷头，因此灌溉质量好，自动化程度高。适用于大面积的平原（或浅丘区），要求灌区内没有任何高的障碍（如电杆、树木等）阻挡。其缺点是只能灌溉圆形的面积，边角部分需要设法用其他方法补灌。如图 6-6 所示。

（4）滚移式

将喷灌支管（一般为金属管）用法兰连成一个整体，每隔一定距离以支管为轴安装一个大轮子。在移动支管时用一个小动力机推动，使支管滚到下一个喷位。每根支管最长可达 400 m。这种机型适用于矮秆作物（如蔬菜、小麦等）的喷灌，要求地形比较平坦。如图 6-7 所示。

图 6-6　中心支轴式喷灌设备（在沙漠小麦种植中的应用）

图 6-7　滚移式喷灌设备

（5）大型平移式

为了克服中心支轴式喷灌机只能喷灌圆形区域的缺点，近年来在中心支轴式喷灌机的基础上研制出可使支管作平行移动的喷灌系统。这样，灌溉的区域就可以形成矩形的。但其缺点是当机组行走到田头时，要专门牵引到原来出发地点，才能进行第二次灌溉，而且对平移的准直技术要求高。因此，没有中心支轴式喷灌机使用得那么广泛。如图 6-8 所示。

（6）绞盘式

用软管给一个大喷头供水，将软管盘在一个大绞盘上，灌溉时逐渐将软管收卷在绞盘上，喷头边走边喷，可灌溉一个宽度为两倍射程的矩形田块，绞盘式喷灌设备如图 6-9 所示。绞盘式灌溉系统田间工程少，机械设备比中心支轴式简单，因此造价更低，工作可靠性更高。适合灌溉粗壮的作物（如玉米、甘蔗等）。同时还要求作业地形比较平坦，地面坡度不能太大。

图6-8 大型平移式喷灌设备

图6-9 绞盘式喷灌设备

（7）喷灌机组

喷灌机组是我国在20世纪70年代用得较多的一种喷灌模式，常见的形式是配有1~8个喷头，用水龙带连接到装有水泵和动力机的小车上。该机组使用灵活，每公顷投资为固定管道式的20%~60%，但其管理要求高，只适用于中小型的农场和田块。

3. 滴灌技术

滴灌是利用塑料管道将水通过直径约10 mm毛管上的孔口或滴头送到作物根部进行局部灌溉。它是干旱缺水地区最有效的一种节水灌溉方式，水的利用率可达95%。滴灌较喷灌具有更高的节水增产效果，同时可以结合施肥，肥效可提高一倍以上，适用于果树、蔬菜、经济作物以及温室大棚灌溉，在干旱缺水的地方也可用于大田作物的灌溉。其不足之处是滴头易结垢和堵塞，因此应对水源进行严格的过滤处理。如图6-10所示。

图6-10 滴灌设备

（1）根据作物和种植类型分类

根据不同的作物和种植类型滴灌系统可分为固定式和半固定式两类。

1）固定式滴灌系统。固定式滴灌系统是指全部管网安装好后不再移动，适用于果树、葡萄、瓜果、蔬菜等作物。

2）半固定式滴灌系统。半固定式滴灌系统的干、支管道为固定的，只有田间的毛管是移动的，一条毛管可控制数行作物。灌水时，灌完一行后再移至另一行进行灌溉，依次移动可灌数行，这样可提高毛管的利用率，降低设备投入，这种类型的滴灌系统适用于宽行蔬菜与瓜果等作物。

（2）根据滴灌工程中毛管在田间的布置方式和灌水方式分类

滴灌系统可分成地面固定式、地下固定式和移动式三类。

1）地面固定式。毛管布置在地面，在灌水期间毛管和灌水器不移动的系统称为地面固定式系统，目前大多数地区采用这类系统。适用于果园、温室、大棚和少数大田作物的灌溉，灌水器包括各种滴头和滴灌管、带。这种系统的优点是安装、维护方便，也便于检查土壤湿润和测量滴头流量变化的情况。其缺点是毛管和灌水器易于损坏和老化，对田间耕作也有影响。

2）地下固定式。将毛管和灌水器（主要是滴头）全部埋入地下的系统称为地下固定式系统。与地面固定式系统相比，它的优点是免除了毛管在作物种植和收获前后安装和拆卸的工作，不影响田间耕作，延长了设备的使用寿命。其缺点是不能检查土壤湿润和测量滴头流量变化的情况，发生问题维修也很困难。

3）移动式。在灌水期间，毛管和灌水器在灌溉完成后从一个位置移向另一个位置进行灌溉的系统称为移动式滴灌系统。与固定式系统相比，它提高了设备的利用率，降低了投资成本。常用于大田作物和灌溉次数较少的作物，但操作管理比较麻烦，管理运行费用较高，适用于干旱缺水、经济条件较差的地区。

（3）根据控制系统运行的方式分类

滴灌系统可分为手动控制、全自动控制和半自动控制三类。

1）手动控制。系统的所有操作均由人工完成，如水泵、阀门的开启、关闭，灌溉时间的长短，何时灌溉等。这类系统的优点是成本较低，控制部分技术含量不高，便于使用和维护。其不足之处是使用的方便性较差，不适宜进行大面积的灌溉。

2）全自动控制。系统不需要人直接参与，通过预先编制好的控制程序，根据反映作物需水的某些参数，可长时间地自动启闭水泵和自动按一定的轮灌顺序进行灌溉。人的作用只是调整控制程序和检修控制设备。在这种系统中，除灌水器、管道、管件及水泵、电机外，还包括中央控制器、自动阀、传感器（土壤水分传感器、温度传感器、压力传感器、水位传感器和雨量传感器等）及电线等。

3）半自动控制。该系统在灌溉区域中没有安装传感器，灌水时间、灌水量和灌溉周期等均是根据预先编制的程序，而不是根据作物和土壤水分及气象资料的反馈信息来控制的。这类系统的自动化程度不等，有的是一部分可实行自动控制，有的是几部分可实行自动控制。

4. 膜下滴灌技术

膜下滴灌技术是指在滴灌带或滴灌毛管上覆盖一层地膜，在膜下进行滴灌的技术。这种技术的原理是通过可控管道系统供水，将加压的水经过过滤设施滤"清"后，和水溶性肥料充分融合，形成肥水溶液，进入输水干管—管—毛管，再由毛管上的滴水器一滴一滴均匀、定时、定量地浸润作物根系发育区，供根系吸收。玉米膜下滴灌种植如图6-11所示。

图6-11 玉米膜下滴灌种植

四、排水技术

1. 地面排水

地面排水的方法是开挖各级排水沟，形成排水沟网，水由田间沟网（墒沟、毛沟、农沟）进入输水沟网（斗沟、支沟、干沟），最后流入容泄区（河、湖、海）。

2. 水平地下排水

水平地下排水的方法是在地下埋设暗管以排除农田土壤多余的水分、降低地下水位。除管道外，也有挖一定深度的沟，上盖土垡或沟底填滤水材料，再回填土，称暗沟。还有用特制的鼠道犁在田面以下土层中穿透出管状通道，用以排水，称鼠道排水。

3. 垂直地下排水

垂直地下排水的方法是在排水区域内布置若干井点，通过抽水机抽取井水以降低地下水位。

职业模块 7
农业机械基础知识

东北大学
采矿机械及自动化

了解农业机械的类型与特性。

一、农业机械概述

1. 农业机械的概念

农业机械是用于农业生产、加工、运输和农业资源开发等环节的各种机械设备的总称。农业机械的主要应用之一是土地的耕作和整地，如拖拉机的运用可以替代传统的人力和畜力耕作，提高耕地利用效率。农业机械在作物的种植环节起到了重要作用，如播种机、中耕机、打药机等，能够提高种植效率和作物的产量。农业机械在作物的收获和加工过程中可发挥较大作用，如联合收割机的使用可以大幅提高作物的收获效率，减少损耗，同时加工机械也能提高产品的附加值。农业机械在农产品运输和贮存环节中发挥着重要作用，如运输卡车、冷藏设备等，能够保证农产品的及时运输和质量。

2. 农业机械的作用

相较于传统的人力劳动和手工操作，农业机械的使用能大幅提高劳动生产效率，降低劳动强度，减少劳动时间，提升农业生产效益。

农业机械的精准操作能力，保证了作业操作的准确性和稳定性，从而提升了农产品的质量，并减少因人为操作失误而带来的损失。

农业机械能够替代人力、动力等传统的资源消耗，减少人力成本，提高劳动生产效率，同时也节约了农业生产的能源成本。

随着农业科技进步和农业现代化的需求增加，农业机械的应用对推动农业现代化起到了积极的作用。

二、农业机械的类型及特性

1. 土壤耕作机械

土壤耕作机械是指对耕作层土壤进行加工整理的农业机械。这类机械在农业生产中扮演着至关重要的角色，它们能够改善土壤结构，提高土壤肥力，为农作物的生长创造了良好的条件。

（1）分类

1）根据耕作措施分类。土壤耕作机械可以分为两大类：基本耕作机械和表土耕作机械（又称辅助耕作机械）。

①基本耕作机械。主要用于土壤的翻耕或深松耕，包括铧式犁、圆盘犁、凿式松土机、旋耕机等。这些机械能够打破犁底层，恢复土壤耕层结构，提高土壤蓄水保墒能力。

②表土耕作机械。表土耕作机械用于土壤翻耕前的浅耕灭茬或翻耕后的耙地、耢耱、平整、镇压、打垄作畦等作业，以及休闲地的全面松土除草，作物生长期间的中耕、除草、开沟、培土等作业。主要包括各种耙、镇压器、中耕机械等。

2）根据动力传递方式分类。土壤耕作机械还可以分为非驱动型和驱动型两类。非驱动型土壤耕作机械主要依靠牲畜或拖拉机的牵引力进行作业。驱动型土壤耕作机械则除了由动力牵引作前进运动外，其工作部件还同时由动力驱动作往复式或旋转式运动。

（2）功能与作用

土壤耕作机械在农业生产中具有多种功能与作用，主要作用如下。

1）改善土壤结构。通过耕作使土壤适度松碎，形成良好的团粒结构，便于吸收和保持适量的水分和空气，有利于种子发芽和根系生长。

2）消灭杂草和虫害。将杂草覆盖于土壤中，使蛰居害虫暴露于地面而死亡，同时翻耕作业也可以清除残茬杂草，掩埋土壤表面的病虫菌害。

3）混合肥料和土壤。将作物残茬以及肥料、农药等混合在土壤内以增加其效用。

4）平整地表。有利于种植、灌溉、排水或减少土壤侵蚀，同时也有利于后续作业的顺利进行。

5）压实土壤。将过于疏松的土壤压实到适当的疏密度，以保持土壤水分，并有利于作物根系发育。

（3）特点与适用条件

不同类型的土壤耕作机械具有不同的特点和适用条件。

1）铧式犁。应用广泛，翻转犁通过翻转油缸带动犁体跟随犁架交替翻转，在翻耕作业过程中上下犁体轮流工作，犁耕之后土垡片向一边均匀倾倒，避免产生较大沟壑，地表平整度较好。

2）圆盘犁。适用于各种土壤条件，特别适用于较为坚硬的土壤。

3）凿式松土机。在干旱、半干旱地区，为保持土壤水分，防止水土流失，宜采用土垡不翻转的深松耕机械，如凿式松土机。

4）旋耕机。具有较强的切土、碎土、灭茬功能，一次旋耕作业即可达到多次耕整地的实际功效。旋耕后地表平整、土质松软，非常适合精准农业的作业要求。但耕深较浅，一般为12~18 cm，无法满足现代深翻耕农业技术的要求。

此外，在选择土壤耕作机械时，还需要考虑土壤的机械组成、物理结构、有机质含量和土壤含水量等因素，这些因素对土壤耕作机械的作业难易、耕作质量、能量消耗等有显著影响。

2. 播种施肥机械

播种机是以作物种子为播种对象的种植机械。用于某类或某种作物的播种机，常冠以作物种类名称，如谷物条播机、玉米穴播机、棉花播种机、牧草撒播机等。按播种方法，可分为以下几种。

撒播机。使撒出的种子在播种地块上均匀分布的播种机。常用的机型为离心式撒播机，附装在农用运输车后部，由种子箱和撒播轮构成。种子由种子箱落到撒播轮上，在离心力作用下沿切线方向播出，播幅达8~12 m。撒播机也可撒播粉状或粒状肥料、石灰及其他物料。撒播装置也可安装在农用飞机上使用。

条播型。主要用于谷物、牧草等小粒种子的播种作业，常用的有谷物条播机。作业时，由行走轮带动排种轮旋转，种子箱内的种子按要求的播种量排入输种管，并经开沟器落入开好的沟槽内，然后由覆土镇压装置将种子覆盖压实，出苗后作物成平行等距的条行。用于不同作物的条播机除采用不同类型的排种器和开沟器外，其结构基本相同，一般由机架、牵引或悬挂装置、种子箱、排种器、传动装置、输种管、开沟器、划行器、行走轮和覆土镇压装置等组成。其中影响播种质量的主要是排种器和开沟器。常用的排种器有槽轮式、离心式、磨盘式等类型。开沟器有锄铲式、靴式、滑刀式、单圆盘式和双圆盘式等类型。

穴播型。按一定行距和穴距，将种子成穴播种的种植机械。每穴可播1粒或数粒种子，分别称为单粒精播或多粒穴播，主要用于玉米、棉花、甜菜、向日葵、豆类等中耕作物，又称中耕作物播种机。每个播种机单体可完成开沟、排种、覆土、镇压等整个作业过程。

精密型。以精确的播种量、株行距和深度进行播种的机械。具有节省种子、免除出苗后的间苗作业、使每株作物的营养面积均匀等优点。其包括机械式和气力式等不同形式。机械式结构简单，但对种子尺寸要求高；气力式对种子形状和尺寸适应性好。

联合作业机和免耕播种机。联合作业机是在谷物条播机上加设肥箱、地膜、滴灌带，即可在播种的同时完成施肥、铺滴灌带和地膜的工作。免耕播种机是在前茬作物收获后的茬地上直接开出种沟播种，也称直接播种机或硬茬播种机，可节约能源，降低作业成本，多用于谷物、牧草和青饲玉米等作物的播种作业。

按施用肥料性状可将施肥机分为固态化肥施肥机、液态化肥施肥机、厩肥撒施机和厩液施洒机等。按用于作物不同生长期可分为施基肥机、施种肥机、追肥机等。按作业方式可分为条施机、撒施机、深施机和叶面施肥机等。使用时，可根据作物生长需求、土壤条件以及作物不同生长期选用合适的施肥机进行精准施肥，提高肥料利用率。

3. 育苗移栽机械

（1）分类

根据移栽作物的种类和作业条件的不同，育苗移栽机械有多种类型，常见的有以下几种。

1）蔬菜移栽机。主要用于蔬菜、药材等作物的移栽作业，具有结构紧凑、操作简便、移栽效率高等特点。蔬菜移栽机有半自动和全自动两种类型。

2）水稻移栽机。主要用于水稻的移栽作业，能够实现机械化插秧，提高插秧效率和质量。常见的水稻移栽机有乘坐式、手扶式等多种类型。

3）玉米移栽机。主要用于玉米作物的移栽作业，具有结构简单、操作方便、移栽速度快等特点。玉米移栽机能够实现单行或多行移栽，移栽效率高。

4）甜菜移栽机。主要用于甜菜的移栽作业。能够适应甜菜的生长特性和移栽要求，实现精准移栽。甜菜移栽机具有调整方便、移栽稳定等特点。

（2）工作原理

1）供苗。将待移栽的秧苗放置在供苗盘上，通过传输机构将供苗盘输送到移栽机构的位置。

2）取苗。移栽机构带动取苗爪运动到供苗盘上方，通过特定的取苗方式（如夹持、吸附等）将秧苗取出。

3）移栽。由取苗爪携秧苗运送到指定的移栽位置，将秧苗放入土壤中，并进行覆土、镇压等作业。

4）传输。当供苗盘移栽完一行或移栽机构移栽满一行时，由传输机构带动供苗盘或移栽机构进行进给，开始下一行秧苗的移栽。

（3）主要部件及功能

1）供苗盘。用于放置待移栽的秧苗，并通过传输机构输送到移栽机构的位置。

2）传输机构。用于带动供苗盘或移栽机构进行移动，实现秧苗的连续移栽。

3）移栽机构。是育苗移栽机械的核心部件，用于取苗、移栽等作业。移栽机构通常由静平台、动平台、支链、取苗爪等组成。

4）控制系统。用于控制育苗移栽机械的运动和作业参数，如移栽速度、株距等。

4. 中耕与植保机械

（1）中耕机械

中耕机械的工作部件可分为锄铲式和回转式两种类型。其中锄铲式应用较广，按作用可分为：除草铲、松土铲和培土器三种类型。

1）除草铲。除草铲可分为单翼铲、双翼铲和通用铲三种形式。

2）松土铲。松土铲主要用于中耕作物的行间松土，有时也用于全面松土，它使土壤疏松但不翻转，一般工作深度为 16~20 cm。松土铲由铲头和铲柄两部分组成。铲头为工作部分，其种类很多，常用的有箭形松土铲、凿形松土铲、铧形松土铲和尖头松土铲等。

3）培土器。培土器主要用于中耕作物的根部培土和开沟起垄。其类型可分为曲面可调式培土器、旋转式培土器、锄铲式培土器和铧式培土器等，目前应用广泛的是铧式培土器。

（2）植保机械

1）定义。作物保护机械是指用于作物保护、病虫害防治的机械设备，包括喷雾机、喷粉机、土壤处理机械等。它们能够将液体、粉剂、颗粒等各种剂型的化学农药均匀地分布在施用对象所要求的部位，确保作物的健康生长。

2）分类。按照植保机械的分类方法，一般按所用的动力可分为：人力（手动）植保机械、畜力植保机械、小动力植保机械、拖拉机配套植保机械、自走式植保机械、航空植保机械。

按照施用化学药剂的方法可分为：喷雾机、弥雾机、超低量喷雾机、喷烟机、喷粉机等。喷雾机是通过高压泵和喷头将药液雾化成 100~300 μm 进行喷洒，也有手动和机动之分；弥雾机是利用风机产生的高速气流将粗雾滴进一步破碎，雾化成 75~100 μm 的雾滴，并将其吹送到远方，特点是雾滴细小、飘散性好、分布均匀、覆盖面积大，可大大提高生产率和喷洒浓度；超低量喷雾机是利用高速旋转的齿盘将药液甩出，形成 15~75 μm 的雾滴，可不加任何水稀释，故又称超低容量喷雾；喷烟机的原理是利用高温气流使预热后的烟剂发生热裂变，形成 1~50 μm 的烟雾，再随高速气流吹送到远方；喷粉机的原理是利用风机产生的高速气流将药粉喷洒到作物上。其中喷粉机和喷烟机现已很少使用。

5. 节水灌溉机械与设备

（1）原理

节水灌溉机械与设备的原理是水泵通过传动装置带动运转，将水抽入泵内并通过旋转叶轮的作用加速流速，然后将水推到高出水泵的出水口，经过一定的管路连接后，水流被输送到灌溉设备上。灌溉设备可以是喷头、喷雾器、滴灌管等，具体选择取决于作物的灌溉需求。最终，水通过灌溉设备被喷洒或滴落到农田上，使作物得到充足的水分。

节水灌溉机械与设备的应用可以显著提高灌溉水的利用效率，减少水资源的浪费，提高作物产量，节约人力成本。

（2）主要类型

1）喷灌设备。借助水泵和管道系统将水喷洒至空中，形成水滴，对地面上的农作物进行灌溉。喷灌设备主要包括大、中、小、轻型喷灌机，喷灌用水泵，喷灌用地埋管道和地面移动管道，喷头及附属设备等。常用于农作物高度相对整齐且不高的场合，如公园草坪、学校草坪、苜蓿地等。

2）微灌设备。按照作物需求将灌溉水通过管道和灌水器具灌水于作物根际附近，可以和施肥相结合进行局部灌溉。微灌设备主要包括过滤器、施肥器等首部枢纽设备，管材和连接件、滴灌管（带）、微喷头、渗灌管等。对于密播作物及大棚栽培和高产高效经济作物栽培较为适宜，适用于所有地形的土壤，特别适用于干旱缺水的地区。

3）全塑节水灌溉系统。包括软管三通阀、低压出地阀、半固定式喷灌与移动式设备等。使用范围相对较广，可用于农业的各个方面。

根据组成微灌系统的灌水器不同，微灌系统也分为滴灌系统、微喷灌系统、小管出流灌系统和渗灌系统四类。

6. 谷物收获机械

谷物收获机械是指专门用于收获稻、麦等谷类作物籽粒和秸秆的机械，是代替人力、畜力完成谷物收获全过程各项作业所用机械的总称。谷物收获机械包括收割机、割晒机、割捆机、谷物脱粒机和谷物联合收获机等。

（1）收割机

收割机是一种用于割倒稻、麦等作物的禾秆，并将其铺放在田间或进行其他处理的农业机械。根据割台类型可分为卧式和立式两种。卧式割台收割机适应性好，结构简单；立式割台收割机结构紧凑、轻便灵活、操纵性能好，适于小块土地上收割稻、麦。

（2）割晒机

割晒机的作用是割倒小麦禾秆，将其摊铺在留茬上，成为穗尾搭接的禾秆，以便于晾晒谷物。晾晒后的禾秆由谷物联合收获机捡拾收获。割晒机也可用于收割牧草，其有自走式、拖拉机牵引式和悬挂式三种类型。

（3）割捆机

割捆机主要用于将谷物割断并打捆，便于后续处理和储存。

（4）谷物脱粒机

谷物脱粒机用于脱掉收割后的谷类作物（主要是稻、麦）籽粒。通常由电动机或内燃机驱动，安置在场院上进行固定作业。按谷物喂入方式可分为全喂入和半喂入两类；按其结构和功能则分为筒式、半复式和复式三类。

（5）谷物联合收获机

谷物联合收获机的作用是在田间一次完成收割、脱粒、分离和清选等作业，最终获得清洁的谷粒。谷物联合收获机具有生产率高、作业周期短、劳动强度和收获积累损失小、作业质量高等优点。

7. 谷物精选、谷物干燥和种子加工机械

（1）谷物精选机械

谷物精选机械，特别是谷物精选机，是一种利用物理特性进行分选的设备。其核心功能是根据谷物的大小、重量、色泽等特性对谷物进行分类和筛选，从而提高谷物的质量和纯度。

1）工作原理。谷物精选机的工作原理主要是通过物料在设备内的运动，利用物料的密度、大小、形状、颜色、透明度等特性进行分选。设备内部设有特定的筛选机构，如筛网、风选装置、色选装置等，这些机构能够精确地将不同质量、不同颜色的谷物分开，从而达到精选的目的。

2）应用领域。谷物精选机械广泛应用于各类谷物的精选作业，包括但不限于小麦、玉米、稻谷、大麦、燕麦等。这些谷物在种植、收割和储存过程中可能会混入杂草种子、霉变粒、异色粒等杂质，通过谷物精选机械可以快速、准确地识别并分离出这些杂质，确保谷物的品质和纯度。此外，谷物精选机械还适用于豆类及油料作物、干果和坚果类物料、特种作物以及其他物料的分选。

3）主要类型。根据筛选方式和功能的不同，谷物精选机械可以分为风选机、筛选机、色选机等多种类型。

①风选机。利用风力将谷物中的轻杂质（如尘土、碎叶等）吹走，实现谷物的初步精选。

②筛选机。通过筛网的振动和摇动，将谷物中的大杂质（如石块、土块等）和小杂质（如细沙、粉末等）分离出来。

③色选机。利用先进的识别技术和色选装置，根据谷物的颜色差异将异色粒、霉变粒等杂质分离出来。

谷物精选机械是提高谷物质量和纯度的重要工具，具有广泛的应用领域和显著的性能特点。在选购和维护时，需要根据自身的生产需求和物料特性进行综合考虑，选择合适的机型和配置，并定期进行保养和维护。

（2）谷物干燥机械

谷物干燥机械，又称粮食烘干机，是一种用来降低谷物籽粒含水量的机械设备。

1）工作原理。谷物干燥机械的基本原理是利用空气等介质，将谷物中的水分蒸发带走，从而达到使谷物干燥的目的。在工作时，电动机带动轴流风机的叶轮高速旋转，使热空气经过特定路径后扩散到堆放谷物的区域，混合气透过谷层时，一方面使谷物温度适当提高，另一方面带走大量的水蒸气使谷物逐渐干燥。

2）分类。谷物干燥机械有多种类型，根据不同的分类方法可分为不同种类。

①谷物干燥机械按谷物与气流相对运动方向分类如下。

横流烘干机。多为圆柱形筛孔式或方塔型筛孔式结构，具有制造工艺简单、安装方便、成本低、生产率高等优点，但谷物干燥均匀性差、单位热耗偏高。

混流烘干机。由三角或五角盒交错排列组成的塔式结构，热风供给均匀、单位热耗低、所需风机动力小、烘干谷物品种广，但结构复杂、制造成本较高。

顺流烘干机。多为漏斗式进气道与角状盒排气道相结合的塔式结构，使用热风温度高、单位热耗低、能获得较高的生产效率，但制造成本高、所需高压风机功率大。

②谷物干燥机械按工作方式分类如下。

批量作业式谷物干燥机。谷物干燥的过程是从最底层的谷物开始逐步向上发展的，形成已干燥层、正在干燥层和未干燥层，随着干燥过程的延续，这三个层次的位置逐步向上推移。

连续作业式谷物干燥机。谷物进入烘干室内经过一定时间干燥出料，然后再进湿料，一边进湿料，一边出干料，连续不断地对谷物进行干燥。

循环作业式谷物干燥机。谷物在干燥室内循环运动，以达到均匀干燥的目的。

③谷物干燥机械按原理分类如下。

常温通风干燥机。由干燥仓和风机组成，按通风方式的不同有垂直气流式和径向通风式两种，具有结构简单、使用成本低、对谷物无污染的优点，但其干燥速度受空气湿度的影响较大。

加热气流干燥机。热量以对流的方式传递给谷物，使谷物表面水分蒸发后由气流带走，谷物内部的水分逐渐向表面扩散后再蒸发，按气流温度高低可分为低温慢速干燥机和高温快速干燥机两类。

(3) 种子加工机械

种子加工机械是用于种子加工的一系列设备的总称，这些机械根据种子的物理特性和加工需求进行设计，以确保种子的品质、提高加工效率，满足农业生产的需要。

1) 种子清选机械。其作用是根据种子的物理特性（宽度、厚度、长度和比重等）对种子进行加工，以除去收获后种子中的惰性物质，以及未成熟的、破碎的、遭受病虫害的种子和杂草种子等。种子清选机械主要包括风筛清选机、窝眼筒清选机、重力式清选机（比重式分选机）等。

2) 棉花种子脱绒机械。其作用是将棉种经过机械剥短绒后，用机械或化学的方法将残留在棉种上的短绒去掉，使残绒的含量从10%降至1%以下。

3) 种子包衣机。是将包衣剂包敷于种子外表面的机具。通过包衣处理，可以提高种子的抗逆性、抗病性和发芽率等，从而提高农作物的产量和品质。

4) 种子制丸机。将制丸材料裹在种子外表面，将其制成具有一定尺寸的丸状颗粒的机具。丸化主要用于小粒和流动性差的种子，其可增大种子的外形尺寸，提高投播种子的品质和流动性，有利于单粒种子的精播。

职业模块 ⑧ 农业环境与保护基础知识

了解大气污染、水体污染、土壤污染、固体废物对农业的影响及其防治方法。

一、农业环境问题

1. 环境问题的产生

环境问题是指由于自然界或人类活动作用于人们周围的环境,导致环境质量下降或生态失调,以及这种变化反过来对人类的生产和生活产生不利影响的现象。环境问题的产生可分为不同的阶段。

(1)原始捕猎阶段

盲目乱采滥捕,导致森林破坏、猎物缺乏,引起饥荒。

(2)农牧阶段

盲目开垦破坏森林、草原,导致出现水土流失、土地沙漠化、盐渍化等环境问题。

(3)现代工业阶段

过度开采资源,排放"三废",造成生态破坏、环境污染。

环境问题的产生是多方面因素综合作用的结果。工业化进程、城市化进程、经济发展以及人类行为都是环境问题产生的主要原因。

2. 农业环境问题类型

目前,我国农业环境问题主要包括以下几个方面。

(1)水资源短缺

我国许多地区面临水资源紧缺问题,特别是北方干旱地区。农业需要大量的水资源,但由于水资源分配不均衡和利用不合理,导致农业用水面临压力,影响了农业的可持续发展。

(2)污水灌溉

污水中含有各种有机物、重金属、细菌等有害物质,如果长期使用污水灌溉农田,会使土壤中这些有害物质的含量越来越高,土壤变得酸性、结构紊乱,导致土壤质量下降,影响作物生长。

(3)土壤污染与退化

农业生产中的化肥、农药和畜禽养殖废弃物等大量使用和排放,导致土壤质量下降，肥力下降，土壤板结，肥效降低，土壤酸化、盐碱化等问题加剧，严重影响了农作物的产量和质量。

（4）农药污染

农药污染是指农药或其有害代谢物、降解物对环境和生物产生的污染。农药施用后，一部分附着于作物体上，或渗入植株体内残留下来，使农产品等受到污染；另一部分散落在土壤上（有时则是直接施于土壤中）或蒸发、散逸到空气中，或随雨水及农田排水流入河湖，污染水体和水生生物。农产品的残留农药通过饲料传播，污染畜禽产品。农药残留通过大气、水体、土壤、食品，最终进入人体，引起各种慢性或急性病害。

（5）农业生产废弃物污染

农业生产的废弃物可分为畜禽养殖废弃物、农作物秸秆和农用塑料残膜等。畜禽养殖废弃物中含有大量的有机物和营养成分，若未经妥善处理直接排放到环境中，会对水源的水质造成威胁，污染土壤，并对周边空气质量造成威胁。农作物秸秆焚烧会影响空气质量。农用塑料残膜具有不易分解腐烂、难于降解的特性，散落在土地中对土壤会产生永久性污染。

（6）乡镇工业企业污染

许多乡镇工业企业会排放大量的二氧化硫、氮氧化物、颗粒物等有害物质，严重恶化了空气质量。其排放的废水、废弃物中也含有大量的重金属、有机物和细菌等有害物质，严重污染了水源和土壤，对人类和生态系统的健康产生了极大的威胁。

（7）农村生活垃圾

农村生活垃圾处理不当，影响的不仅是农村的生活环境，还会对农村土壤和水体产生严重污染。

（8）生物多样性丧失

农业生产中大规模的农田整理、农药使用、生态破坏等导致了农田生态系统的破坏和生物多样性的丧失。农业生态系统的单一化和生态断片化，使得许多生物物种面临灭绝的威胁。

二、大气污染及其防治

1. 大气污染对农业的影响

农业生产的正常进行需要一定质量的大气作为基本条件。对作物影响最大的大气污染物主要是二氧化硫、臭氧、氯气、氟化氢、乙烯和二氧化氮等。

大气污染物对作物造成的危害一般分为可见危害和不可见危害两种情况。

（1）可见危害

可见危害是肉眼可以明显判断的危害，可见危害作用在作物时会有明显的症状表现，根据症状出现的快慢，又分为急性危害、慢性危害和混合危害三种情况。

急性危害是指污染物浓度高，接触时间短（1~3天或更短的时间），植株会出现症状的危害。失绿、组织坏死是急性危害常见的症状。因变化较快，伤害较重，往往易于发现。

慢性危害对于作物的影响在于在污染物浓度较低的情况下，经长时间（几十天）接触后，作物会表现出生育不良，生长不够茂盛，轻度失绿，色泽较淡等症状，也能造成一定程度减产。由于其症状不明显，且发展缓慢，往往不被人们注意。

混合危害是急性、慢性症状兼而有之的混合型危害。常是作物在低浓度、长时间接触，表现出慢性危害症状的基础上，又发生高浓度、短时间的急性危害所致。

（2）不可见危害

不可见危害是指污染物对作物内部代谢过程产生影响，而未达到外部受害表现症状的一种危害。虽然这种危害在外观上不易察觉，但长期累积下来会对作物的生长和发育产生严重影响，如导致作物生理上的障碍、抑制作物生育、造成作物产量下降等。

大气污染物对作物的危害除了与污染物的浓度和接触时间有关外，还与作物本身对污染物的抗性有关。一般把对某种大气污染物抗性最小的，即最敏感的作物作为此种污染物的指标作物。如二氧化硫的指标作物是紫苜蓿，氟化物和臭氧的指标作物分别是唐菖蒲和烟草等。当然，大气污染物对作物是否造成危害及严重程度还与所处环境有关，如与气温、光照、水分、风向、风速、逆温、地形地貌等环境因素有关。

2. 大气污染防治

（1）合理布局工业，减少污染物排放

工业区一般应配置在城市的边缘或郊区，位置应当在当地最大频率风向的下风侧，这样可使得废气吹向生活区的机会最少。同时严格执行《工业"三废"排放试行标准》等，逐步禁止有害化合物的使用和生产。

（2）造林绿化

作物除美化环境外，还具有调节气候，阻挡、滤除和吸附灰尘，吸收大气中的有害气体、杀菌和降噪等功能。

（3）加强对居住区内局部污染源的管理

餐馆等的烟囱、废品堆放处、垃圾箱等可散发有害气体污染大气，卫生部门应与有关部门配合，加强监督、管理。

（4）控制燃煤污染

1）采用原煤脱硫技术，可以除去燃煤中40%~60%的无机硫。优先使用低硫燃料，如含硫较低的低硫煤和天然气等。

2）改进燃煤技术，减少燃煤过程中二氧化硫和氮氧化物的排放量。

3）开发和利用新能源，如太阳能、风能、核能、可燃冰等。

（5）加强工艺措施

1）加强工艺过程管理。采取以无毒或低毒原料代替毒性大的原料，采取闭路循环以减少污染物的排出等。

2）加强生产管理。防止一切可能排放废气以污染大气的情况发生。

3）综合利用，变废为宝。

（6）区域集中供暖供热

在城郊建设大型热电厂和供热站，或回收企业排放的可燃性气体，集中起来供居民使用，既能保护环境，又能节约能源。

（7）减少交通运输工具废气污染

改变发动机的燃烧设计和提高油的燃烧效率，加强交通管理，对机动车辆实行严格监控，禁止尾气排放不合格的车辆上路。

（8）烟囱除尘

烟囱越高越有利于烟气的扩散和稀释。

三、水体污染及其防治

1. 水体污染对农业的影响

水体污染对农业的影响主要体现在对农作物产量、品质的直接影响，以及对土壤和生态系统的间接影响。

水体污染直接影响农作物的生长发育，导致产量降低和品质恶化。污染物，如重金属、农药残留等进入水体后，通过灌溉等方式引入农田，影响作物的正常生长。例如，有机污染物可能消耗水中的溶解氧，影响作物的正常代谢，导致减产；过量的氮素可能导致作物营养失调，出现徒长、倒伏等问题；油分污染也可能导致水稻等水生作物枯萎；含盐量高的废水则可能使作物叶片失水干枯致死。

水体污染还可能通过影响土壤品质而间接影响农业生产。污染物在土壤中的积累可能导致土壤结构破坏，影响土壤中微生物和小动物的生存，进而影响农作物的产量和品质。此外，被污染的水源用于农业灌溉可能导致污染物积累在农作物中，进而影响食品安全。

2. 水体污染防治

（1）加强环境教育

增强公众的环境保护意识是防治水污染的重要手段。政府、学校和媒体等应加强环境教育，普及环保知识，倡导绿色生活方式，引导公众养成良好的环保习惯。

（2）调整产业结构

对于新的开发项目，必须加强对发展规划和项目的环境影响评价，坚决不上资源消耗多、污染排放量大的工业企业项目，并要坚决淘汰已有的严重污染项目。

（3）大力推行清洁生产

工业污染的控制是水污染防治中十分重要的一环。通过推动工业企业实施清洁生产，减少废水排放，提高资源利用效率，可达到经济效益和环境效益的双赢。

（4）建设污水处理设施

加大污水处理设施建设和改造力度，提高城市污水处理能力、效率和质量，尽可能将废水处理成可再利用的水资源。

（5）加强面源污染控制，规范农药、化肥使用

应出台政策规范和限制农牧业农药、化肥的使用种类及使用量，大力扶持生态农业。

（6）加强跨区域合作

由于水污染具有跨区域性的特点，故水污染的防治需要各地区通力合作。应加强跨区域合作，形成合理的水资源规划，加强污染溯源，共同应对水污染问题。

四、土壤污染及防治

1. 土壤污染概述

土壤是指陆地表面具有肥力、能够生长作物的疏松表层，其厚度一般在 2 m 左右。土壤不但为作物生长提供机械支撑能力，并能为作物生长发育提供所需要的水、肥、气、热等肥力要素。由于人口急剧增长，工业迅猛发展，固体废物不断向土壤表面堆放和倾倒，有害废水持续向土壤中渗透，大气中的有害气体及浮

尘也随雨水不断降落到土壤中，导致了土壤污染。因此，土壤污染是指人为活动产生的污染物进入土壤并积累到一定程度，引起土壤质量恶化，导致化学、物理、生物等方面特性的改变，影响土壤功能和有效利用，危害公众健康或者破坏生态环境的现象。土壤污染的危害有以下几个方面。

（1）对作物造成危害

土壤是作物生长的重要基质，但被污染的土壤中含有重金属、有机物等有害物质，这些物质被作物吸收并积累在其体内，影响作物的生长、产量和品质，导致减产。

（2）危害生态系统

土壤污染破坏了土壤品质，导致土壤中的微生物数量和种类减少，降低了土壤抗灾能力，从而影响了生态系统的平衡。此外，污染物通过土壤流失到地下水和水体中，对生态环境造成了更大的破坏。

（3）威胁人体健康

被污染的土壤中含有毒害物质，如重金属、农药残留等，这些物质会通过食物链进入人体，对人们的健康造成威胁。如在长期摄入过量的镉后会导致脏器损伤，甚至引发慢性病；苯系物质也会增加患白血病的风险。

2. 土壤污染物种类

凡是妨碍土壤正常功能，降低作物产量和品质，并通过粮食、蔬菜、水果等间接影响人体健康的物质，都叫作土壤污染物。土壤污染物主要有以下四类。

（1）化学污染物

化学污染物包括无机污染物和有机污染物。无机污染物包括对动植物有危害作用的元素和化合物，主要有汞、镉、铅、砷等重金属，氮、磷、硫等营养物质及其他无机物质，如酸、碱、盐、氟等。有机污染物主要是有机农药，包括有机氮类、有机磷类、氨基甲酸酯类等。此外，石油、多环芳烃、多氯联苯、洗涤剂等也是土壤中常见的有机污染物。

（2）物理污染物

物理污染物是指来自工厂、矿山的固体废弃物，如尾矿、废石、粉煤灰和工业垃圾等。

（3）生物污染物

生物污染物是指带有各种病菌的城市垃圾和由卫生设施（包括医院）排出的废水、废物以及畜禽粪便、厩肥等。

（4）放射性污染物

放射性污染物主要存在于核原料开采和大气层核爆炸地区，以锶和铯等在土壤中生存期长的放射性元素为主。

3. 土壤污染防治

（1）控制"三废"的排放

在工业方面，应认真研究和大力推广闭路循环、无毒工艺。生产中必须排放的"三废"应在工厂内进行回收处理，开展综合利用，变废为宝，化害为利。对于目前还不能综合利用的"三废"，务必进行净化处理，使之达到国家规定的排放标准。对于重金属污染物，原则上不准排放。对于城市生活垃圾，一定要经过严格机械分选和高温堆腐后方可施用。

（2）加强污灌管理

建立污水处理设施，污水必须经过处理，达到规定的标准后才能进行灌溉。灌溉前应进一步检测水质，加强监测，防止超标。

（3）控制化肥、农药的使用

为防止化学氮肥和磷肥的污染，应根据作物需肥规律、土壤供肥性能和肥料效应，确定施肥量、施肥种类和时期，避免盲目过量施肥，减少化肥浪费和土壤污染。为防止化学农药污染，科学合理使用农药、控制农药残留是关键。要使用高效、低毒、安全、无公害的农药，取代剧毒有害的化学农药。积极推广应用生物防治措施，大力发展生物高效农药。

（4）植树造林，保护生态环境

树木能够阻挡、过滤和吸附污染大气的各种粉尘和浮尘，从而净化空气，避免了由大气污染而引起的土壤污染。此外，植树造林能够促进土壤保持，防止土壤侵蚀和水土流失。

（5）加强污染源管控和监测

建立污染监测管理体系，实施污染源管控和监测，包括加强对工业废水和污染物的管控和监测，并对管控不当的企业进行严厉的处罚。建立土地与污染物监测体系，及时发现和处置潜在的污染源。

五、固体废物的处理与利用

1. 固体废物对环境的影响

固体废物对环境的影响主要表现在以下几个方面。

(1) 污染水体

固体废物若不经无害化处理而随意堆放和倾倒，其渗滤液和有害成分将随天然降水或地表径流进入地表水中，造成水体污染。若通过渗沥水进入土壤，将污染地下水。

(2) 污染大气

固体废物在堆存和处理、处置过程中会产生有害气体，若不加以妥善处理，将对大气环境造成不同程度的影响。另外，固体废物在焚烧过程中会产生粉尘、酸性气体等物质污染大气，垃圾在填埋处置后会产生甲烷、硫化氢等有害气体。

(3) 污染土壤

不经处理的有害固体废物，经过风吹、雨淋、地表径流等作用，其有毒液体将渗入土壤，增加土壤中有害物质的种类和含量，同时杀死土壤中的微生物，破坏土壤的性质和结构，对农作物、作物生长产生不利影响。

(4) 侵占土地

近年来，我国虽然实行了固体废物资源化措施，但是每年仍有大量的固体废物没有被利用，不断增加的固体废物将占用大量土地来堆放，这势必会加剧可耕地面积短缺的矛盾。

(5) 影响环境卫生

我国固体废物的利用率不高，大量的固体废物露天放置，没有任何防护措施，在风力和降水等作用下会发生转移，严重影响环境卫生和市容市貌。另外，有害固体废物若处置不当还会造成火灾、爆炸、中毒等事故，危害人体健康。

2. 固体废物处理与处置

(1) 固体废物的处理

固体废物处理是指通过物理、化学、生物等不同方法，使固体废物转化为适于运输、贮存、资源化利用及最终处置的过程。固体废物处理方法包括物理处理、化学处理、生物处理、热处理和固化处理等。

1) 物理处理。只改变固体废物的结构、形态，使之便于运输、贮存等。处理方法包括压实、破碎、分选、沉淀、过滤、离心等。

2) 化学处理。采用化学方法破坏固体废物中的有害成分，从而使其达到无害化。处理方法包括氧化、还原、中和、化学沉淀等。

3) 生物处理。利用微生物分解固体废物中可降解的有机物，从而达到固体废物的无害化或综合利用。处理方法包括好氧堆肥、厌氧分解等。

4）热处理。通过高温破坏和改变固体废物组成，同时达到减容、无害化或综合利用的目的。处理方法包括焚烧、热解等。

5）固化处理。采用固化基材，将固体废物固定或包覆起来，以降低其对环境的危害。固化处理的主要对象是有害废物和放射性废物。

（2）固体废物的处置

固体废物处置是指最终处置或安全处置，是解决固体废物归宿的问题。固体废物处置方法主要分为陆地处置和海洋处置两大类。

1）陆地处置。主要包括土地填埋、土地耕作、深井灌注和深地层处置等。其中土地填埋按照法规分卫生填埋和安全填埋。

2）海洋处置。根据垃圾的成分、有害物质的含量等，通过海洋倾倒法或远洋焚烧法对垃圾进行处理。海洋倾倒法是选择距离和深度适宜的处置场，将废物投入海洋，利用海洋的容量和自净能力处理固体废物的方法。远洋焚烧法是用焚烧船在远海对废物进行焚烧破坏，主要用来处理卤化废物，再将燃烧残渣和冷凝液直接排入海洋的固体废物处置方法。

3. 农业固体废弃物利用与转化

农业固体废弃物是农业生产、农产品加工、畜禽养殖业和农村居民生活排放的废弃物的总称。农业固体废物主要来自作物种植业、农副产品加工业和动物养殖业以及农村居民生活所产生的废物。其中以作物秸秆和畜禽粪便最为普遍。

（1）农业固体废弃物资源化利用方式

农业固体废弃物的资源化利用方式一般分为五类：肥料化利用、饲料化利用、能源化利用、原料化利用和基料化利用。

1）肥料化利用。农业固体废弃物的肥料化利用最为普遍。肥料化利用有直接法和间接法两种方式。

直接法是将农业废弃物直接填埋于田地中，利用土壤中微生物将农业废弃物中的营养物质释放的一种利用方法。其具有利用方式简单、劳动力成本低等优势。但是也会有病虫害、连作障碍等问题。

间接法是将废弃物经过一种或多种处理方式加工处理后再进行还田利用的一种利用方法。间接法不仅可以获得还田的肥料，还可以得到氢气、沼气等能源物质。

例如，秸秆直接还田被认为是秸秆利用最有效、最快捷的方式，秸秆过腹还田和堆沤还田也是秸秆肥料化利用的重要方式。将畜禽粪污转化为堆肥或沼肥再返入土壤，可改善土壤结构，提升土壤肥力。

2）饲料化利用。农业废弃物资源的饲料化利用主要有青储饲料、氨化饲料、蛋白饲料、动物粪便饲料。秸秆饲料化利用是在发展畜牧业的同时，解决人畜争粮问题，保障国家粮食安全，实施乡村振兴战略和改善农村居住环境的重要措施。禽畜粪便经过发酵、干燥、热喷等方法处理，并进一步除臭、杀菌后，可作为鱼和蚯蚓等的养殖饲料。

3）能源化利用。农业固体废弃物的能源化利用主要有厌氧发酵和直燃热解两种方式。建立沼气池，利用微生物对农业废弃物进行沼气处理是应用较早、应用范围较广的厌氧发酵处理方式。目前，在发酵处理方面，对农业固体废弃物进行产氢处理已成为研究热点。

4）原料化利用。农业固体废弃物产量巨大，价格低廉，且来源广泛，可作为多种工业产品的生产原料。如植物纤维板、可降解餐具、发泡缓冲材料，还可用于生产纤维素薄膜和保温材料。

5）基料化利用。农业固体废弃物的基料化利用路径主要是指利用农作物秸秆、禽畜粪便制成食用菌菌棒，代替木料基质，生产食用菌。

（2）常见农业固体废弃物利用与转化

1）秸秆资源化利用。农业秸秆是最常见的农业固体废弃物之一，在经济、环保上都有广阔的利用前景。

在肥料化利用方面，秸秆经粉碎后可直接覆盖还田，发酵（堆沤）成有机肥。

在饲料化利用方面，秸秆可作为青贮饲料或直接饲喂牲畜。

在能源化利用方面，包括秸秆气化、秸秆固化、秸秆炭化、秸秆液化和秸秆发电。其中秸秆气化分为秸秆生物气化（沼气）和秸秆热解气化。秸秆固化是指利用特定设备，将作物秸秆压缩成块状、棒状等成型燃料，以此提高其密度并增加热值，进而应用于燃烧或发电。秸秆炭化是将秸秆制成生物炭或有机炭，可作为燃料，也可进一步加工为活性炭。秸秆液化是利用秸秆中含有的木质素和纤维素，通过反应生成糖进而生产生物乙醇。秸秆发电就是利用生物质的可燃性，替代煤炭直燃发电。

在材料化利用方面，棉秆和玉米秆可以用来做人造板材，棉秆可以制成保温板，麦秆可以造纸等。

在基料化利用方面，秸秆可以制成食用菌菌棒，代替木料基质，生产食用菌。

在秸秆的各种利用方式中，秸秆养殖食用菌模式的效益较高。

2）畜禽粪便的资源化利用。

在肥料化利用方面，禽畜粪便中因含有丰富的氮、磷、钾，还含有大量有机物，是优质的有机肥来源。

在能源化利用方面，家畜粪便也可以进行厌氧发酵，制成沼气等能源。沼气可以用来供暖、发电、烹饪等，沼渣可作为养殖蚯蚓和食用菌的培养料。

在饲料化利用方面，畜禽粪便经处理后，可以替代部分配合饲料，养殖鱼虾和家畜。

职业模块 ❾
农业安全基础知识

培训课程 1
农业机械、器具安全使用知识

学习目标

了解农业机械（以下简称"农机"）作业的安全技术，熟悉农机的维修保养与安全隐患消除。

一、农机田间作业安全技术

农机田间作业安全技术是确保农业生产安全、提高农业生产效率的重要环节。农机田间作业安全关键技术要点如下。

纳入牌证管理规定的拖拉机等农业机械在投入使用前，应按规定在农机牌证管理机构办理注册登记，取得行驶证、号牌并予以安装。驾驶操作人员应经过培训并取得驾驶证，驾驶操作时应随身携带。

驾驶操作人员禁止使用未经安全检验的，或报废、非法拼装和改装的农业机械。饮酒或服用国家管制精神药品和麻醉药品的，及患有妨碍安全驾驶疾病的，或身体疲劳的人员不得驾驶操作农业机械。

农机启动前，应检查润滑油、燃油、冷却液和轮胎气压等，要确认各部件安全技术状态良好。起步前，应观察仪表各项读数等是否正常，观察农机具周边环境是否安全，操作手柄应置于空挡位置。拖拉机与农机具挂接起步时，应分离农机具动力，携带可提升机具时，应将机具升至安全高度。

上道路行驶应遵守道路交通安全法规，行驶前需检查灯光、喇叭、刹车等是否正常，安全插销等应插好、锁紧。要注意避开高压线路，不得违规载人、不得人货混载。播种机、犁地翻土机等应将悬挂器械提升到安全位置并锁定。喷杆喷雾机的喷杆桁架需折叠。

作业前，应勘察作业场地、清除障碍，与作业无关的人员不得在场。作业区域内禁止明火或吸烟。驾驶操作人员与辅助人员要设置联系信号，着装不要过于宽松，避免被缠挂，留长发者应盘绕发辫并戴工作帽。

作业中，农机具进入田块、跨域沟渠、田埂及通过松软地带，应使用具有适当宽度、长度和承载强度的跳板。作业时机具上严禁站人或坐人。微耕机使用倒挡前应停机拆除阻力棒，并确认安全后谨慎操作。机动植保机禁止逆风或在高压线下等危险区域喷洒农药。

农机具出现异常、故障或需要清理杂物时应停车、熄火。排除故障，恢复安全防护装置后方可重新启动。拖拉机需检查农具或发动机时，要先切断动力输出轴动力。播种机、施肥机、机动脱粒机、饲料粉碎机等排除堵塞时，禁止将手伸入播种口、出粮口、排草口、进出料口等部位内。

作业后，应及时清理农机具内外的残留物和附着物，定期进行维护和保养。机动植保机未喷完的药液应回收并处理，处理农药时，应当遵守农药生产厂家所提供的安全说明。

如发生不安全农机事故，应立即按程序第一时间向主管单位报告，并积极组织人员开展救援工作。

二、农机固定作业安全技术

1. 农机固定作业的概念

农机固定作业是指机组在固定场上进行的作业，如场上脱粒、烘干及粮食加工等。与移动式农田作业相比，农机固定作业环境无显著变化，且环境变化要优越些。但是，由于固定作业项目多，机器型号种类复杂，其涉及的技术保障性要求高，特别是由于作业动力源（油、电）的存在，对作业环境的安全可靠性提出了更高的要求。

农机固定作业环境是指除作业机具以外与作业相关的诸要素，如作业场地、加工车间、配电房、油库、输电线路、加工原材料、加工成品（或半成品）、加工后杂物等，以及诸要素构成的整体环境。农机固定作业环境的安全可靠性不仅取决于构成固定作业环境诸要素自身的安全可靠性，而且取决于由诸要素构成的整体环境的安全可靠性。

2. 农机固定作业安全技术要点

（1）合理选择并布置作业场地

农业固定作业对作业场地的总体要求是作业场地地势要高，平坦干燥，地面结实，有利于排水；作业场地的大小应根据服务面积、产量及作业机组生产率和运输能力来确定。作业场地的布置应确保作业机械间距安全，作业工序要符合规定，互不干扰。

（2）正确架设和使用输配电线路

农机固定作业的电力供应必须做到以下几点。

1）作业场地变电所（室）应设置在地势开阔、出线方便、不靠近易燃性建筑物和不受洪水威胁的地方。

2）架设线路要与地面、建筑物、其他电力线、通信线路有一定的安全距离。

3）供电线路和用电设备必须有良好的绝缘保护接地。

4）变电所（室）、厂房一般都要采用避雷针作为防护装置。

（3）掌握脱谷场的防火措施

1）脱谷场上的全部工作人员必须事先经过一定的技术培训与安全技术教育。

2）进入脱谷场的人员不得携带引火物，场内严禁明火作业、动用电气焊和吸烟等。

3）要加强对儿童及精神病患者的管理，不要让他们进入场内。

4）将脱谷场上机械的所有皮带及传动部分用金属网或金属罩防护起来。所有轴承凸出的轴颈应用套子盖牢，注意旋转件与网、板之间保持一定距离，以免碰撞产生火花。

5）拖拉机或固定式发动机的排气管应安上防火罩，定期清除排气管及防火罩中的积炭和烟灰。若为用电动机带动，则必须注意电线完整并接地线。

6）开动和停止脱谷机都要按照规定发出信号，脱谷机操作员在工作时间内不允许离开机组，不得在脱谷机工作过程中进行调整和保养。

7）脱谷场内应设置灭火器及灭火工具（水缸、铁锹、袋子等），设置防火安全标语和标志等。

8）谷物、秸秆、颖壳等加工物料的堆放要留有一定的防火距离，并应随时运送到安全地点，及时贮存或处理。

三、农机维护保养与安全隐患消除

农机是一种结构相对复杂、可于恶劣条件下工作的专门生产工具,同时由于农机操作员的操作水平和专业知识差别较大,随着农机使用时间的延长,农机的使用性能也逐渐下降,甚至会引发故障。做好农机具的维修保养是确保农机技术服务的重要环节。

农机的维修保养是对农机定期进行清洗、检查、补给、紧固、润滑、调整、更换损坏零件,预防故障发生的技术措施。故障修理是指农机在运行过程中已经出现故障,或农机使用到某一规定的使用时期,不经修复不能满足使用要求时,由专业技术人员对机具实行解体拆卸,经过对零部件的技术检验,修复或更换损毁零件后,重新装配调试,使机具恢复到原厂规定的技术性能。

农机的维护保养应遵循"防重于治、养重于修"的原则,农机操作员应按照农机具使用说明书规范操作,定期对农机进行维护保养。农用动力机械做到"四不漏"(不漏油、不漏水、不漏气、不漏电)、"五静"(油、水、气、机器、工具)、"六封闭"(柴油箱口、汽油箱口、机油加注口、机油检视口、化油器、磁电机)、"一良好"(技术状态良好)。

培训课程 2

安全使用肥料知识

掌握允许、禁止使用的施肥种类,了解不同类型肥料的使用方法。

一、施肥原则

施肥原则是氮磷钾配比合理,适施中微量元素肥料,确保所施肥料不会对农产品质量产生不良或有害影响。不同类型肥料的合理使用包括化肥需有限度地使用,必须与有机肥配合使用,以保持和恢复地力,防止土壤板结。农家肥必须经过高温发酵腐熟后才能使用,按照厂家的推荐施用方法、用量及作物的需肥规律施用,避免出现施肥时期不恰当、施肥方法不科学、施肥结构不合理的现象。

二、允许使用的肥料种类

1. 化学肥料

化学肥料是人工化学合成的,符合国家、行业相关规定的肥料,如尿素、磷酸一铵、磷酸二铵、硫酸钾等。

2. 堆肥

堆肥是以各类秸秆、落叶、山青、湖草、人畜粪便为原料,与少量泥土混合堆积而成的一种有机肥料。

3. 沤肥

沤肥所用物料与堆肥基本相同,只是在淹水条件下(厌气性)进行发酵而成。

4. 厩肥

厩肥是指猪、牛、羊、鸡等畜禽的粪尿与秸秆垫料堆制成的肥料。

5. 沼气肥

沼气肥是指在密封的沼气池中，有机物在厌气条件下腐解产生沼气后的副产物。沼气肥包括沼气液和残渣。

6. 绿肥

绿肥是指利用栽培或野生的绿色作物体作为肥料，主要分为豆科和非豆科两大类。豆科有绿豆、蚕豆、草木樨、沙打旺、苜蓿、紫云英、苕子等。非豆科包括：禾本科，如黑麦草；十字花科，如肥田萝卜；菊科，如肿柄菊、小葵子；满江红科，如满江红；雨久花科，如水葫芦；苋科，如水花生等。

7. 作物秸秆

作物秸秆是重要的有机肥源之一。作物秸秆中含有相当数量的作物所必需的营养元素（氮、磷、钾、钙、硫等）。在适宜的条件下，通过土壤微生物的作用，这些元素经过矿化再回到土壤中，为作物吸收利用。

8. 泥肥

泥肥即未经污染的河泥、塘泥、沟泥、港泥、湖泥等。

9. 饼肥

饼肥有菜籽饼、棉籽饼、豆饼、芝麻饼、花生饼、蓖麻饼、茶籽饼等。

10. 商品有机肥料

商品有机肥料是指以大量生物物质、动植物残体、排泄物、生物废物等物质为原料，加工制成的商品肥料。

11. 腐殖酸类肥料

腐殖酸类肥料是指泥炭（草炭）、褐煤、风化煤等含有腐殖酸类物质的肥料。

12. 微生物肥料

微生物肥料是指用特定微生物菌种培养生产具有活性的微生物制剂。它无毒无害、不污染环境，通过特定微生物的生命活动能改善作物的营养，或产生作物生长激素，促进作物生长。根据微生物肥料对改善作物营养元素的不同作用，可分成五类。

（1）根瘤菌肥料

根瘤菌肥料能在豆科作物上形成根瘤，可同化空气中的氮气，改善豆科作物的氮素营养。如花生、大豆、绿豆等根瘤菌剂。

（2）固氮类肥料

固氮类肥料能在土壤中和很多作物根际固定空气中的氮气，既可为作物提供氮素营养，又能分泌激素刺激作物生长。如自生固氮菌、联合固氮菌剂等。

（3）磷细菌肥料

磷细菌肥料能把土壤中难溶性磷转化为作物可以利用的有效磷，改善作物磷素营养状况。如磷细菌、解磷真菌、菌根菌剂等。

（4）硅酸盐细菌肥料

硅酸盐细菌肥料能对土壤中云母、长石等含钾的铝硅酸盐及磷灰石进行分解，释放出钾、磷与其他灰分元素，改善作物的营养条件。如硅酸盐细菌、其他解钾微生物制剂等。

（5）复合微生物肥料

复合微生物肥料含有两种以上有益的微生物（固氮菌、磷细菌、硅酸盐细菌或其他一些细菌），它们之间互不拮抗，是能提高作物一种或几种营养元素的供应水平，并含有生理活性物质的制剂。

13. 半有机肥料（有机复合肥）

半有机肥料是指由有机和无机物质混合或化合制成的肥料。

（1）畜禽粪便与微量元素复合肥料

畜禽粪便与微量元素复合肥料是指经无害化处理后的畜禽粪便，加入适量的锌、锰、硼、钼等微量元素制成的肥料。

（2）发酵废液干燥复合肥料

发酵废液干燥复合肥料是指以发酵工业废液干燥物质为原料，配合种植蘑菇或养禽用的废弃混合物制成的肥料。

14. 无机（矿质）肥料

无机（矿质）肥料是指矿质经物理或化学工业方式制成，养分呈无机盐形式的肥料。包括：矿物钾肥和硫酸钾；矿物磷肥（磷矿粉）；燃烧磷酸盐（钙镁磷肥、脱氟磷肥）；石灰石（限在酸性土壤使用）；粉状硫肥（限在碱性土壤使用）。

15. 叶面肥料

叶面肥料是指喷施于作物叶片并能被其吸收利用的肥料。叶面肥料中不得含有化学合成的生长调节剂。

（1）微量元素肥料

微量元素肥料是指以铜、铁、锰、锌、硼、钼等微量元素及有益元素为主配制的肥料。

（2）作物生长辅助物质肥料

作物生长辅助物质肥料是指用天然有机物提取或接种有益菌类的发酵液，再配加一些腐殖酸、藻酸、氨基酸、维生素、糖等配制的肥料。

三、禁止使用的肥料

以城市、医院、工业区垃圾、有害污泥等为有机原料制成的有机肥（垃圾肥）。这类肥料可能含有有害物质，对农作物和人体健康构成威胁。

未腐熟的人粪尿和未腐熟的饼肥。未经过适当处理的肥料可能含有病原体或有害微生物，可能会对农作物造成伤害。

以废酸生产的过磷酸钙或其他磷肥（废磷酸肥）。这类肥料可能含有重金属或其他有害物质，不适合用于农业生产。

含氯肥料，如氯化铵、氯化钾、含氯的复混肥料等。特别要禁止在忌氯作物上使用，因为含氯肥料在土壤中分解后，铵或钾离子会被土壤吸附或被作物吸收，若达到一定浓度时，会对作物根系产生毒害。

含硝态氮的肥料，包括硝酸铵、硝酸钾复合肥及含硝态氮的复混肥料等。这类肥料禁止在蔬菜上使用，否则会使蔬菜中的硝酸盐含量成倍增加。

添加有稀土元素的肥料，成分不明确的、含有安全隐患成分的肥料，未经发酵腐熟的人畜粪尿、生活垃圾、污泥和含有害物质（如毒气、病原微生物、重金属等）的工业垃圾。这些肥料由于安全性和卫生问题，被禁止使用。

以转基因品种（产品）及其副产品为原料生产的肥料，考虑到转基因产品的安全性争议，这类肥料也被禁止使用。

国家法律法规规定不得使用的肥料。包括但不限于上述类型。

培训课程 3 安全用电知识

掌握用电安全基础知识，了解电工作业安全规范、电工安全用具的使用与维护。

一、用电安全基础知识

1. 触电防护技术

触电是电流通过人体时而引发的病理、生理效应，是一种由于电流的热效应、机械效应和化学效应等对人体构成伤害的过程。触电事故按其原因可分为两类：一类是电力系统正常运行条件下的触电，称直接触电；另一类是故障条件下的触电，称间接触电。防止触电的安全技术措施分为直接触电防护和间接触电防护。直接接触的防护措施有绝缘、屏护、间距、漏电保护等。间接触电的防护措施有自动切断电源、电气隔离、等电位连接等。

（1）直接触电防护

1）利用绝缘材料对带电部分进行完全防护。利用绝缘材料将带电部分完全覆盖，从而防止在正常条件下与带电体的任何接触。这种方式是直接触电防护的最基本手段。

2）利用遮拦和外护物的完全防护。遮拦和外护物的作用是用来将带电部分与外部空间完全隔开，以避免直接触及带电部分。

3）设置阻挡物的部分防护。阻挡物只能用于防止无意的直接接触带电部件。

4）将带电部分置于伸臂范围之外部分的防护。伸臂范围是指人在没有任何器械帮助的情况下，赤手伸臂所达到的极限距离。

5）设置安全通道。为了防止在操作过程中触及或接近带电部分，并保证操作人员动作的工效,在电气设备和部件的安装定位时要留有符合安全要求的空间距离,这个距离就是安全距离。

6)使用漏电保护器。漏电保护器是一种防止漏电的保护装置,其广泛应用于低压配电系统中。当电气设备(或线路)发生漏电或接地故障时,漏电保护器能在人尚未触及之前就将电源切断。当人体触及带电体时,能在极短时间(0.1 s)内切断电源,从而减轻电流对人体的伤害。

(2)间接触电防护

1)自动切断供电防护(接地故障保护)。是指在电气设备或线路出现故障时,通过自动切断供电电源来防止电流通过人体,从而避免电击伤害的防护措施。这种防护是间接接触电防护中非常重要的一种防护措施,它依赖于可靠的故障检测和保护装置来实现。

2)电气隔离防护。电气隔离防护的原理是指被保护设备的供电回路与其他的供电回路在电气上完全分开,当被保护的回路发生绝缘故障时,如果被保护设备的外露可导电部分带电,该回路的外露可导电部分或与外部可导电部分之间不会形成接触电压,从而避免发生触电危险。

3)不接地的局部等电位连接防护。当无法或不需要采取自动切断供电保护方式时,可采取不接地的局部等电位连接防护。

(3)农用电气设备的触电防护

农用电气设备,如水泵、脱粒机、电钻、电动机、粉碎机等,大都是季节性或临时性使用的,几乎无固定作业场所,电源线更是临时拉扯,触电隐患诸多。为防止农用电气设备触电,应做好下述工作。

1)农用电气设备的电源引线应绝缘良好,有足够的机械强度和电流密度,各连接处用黏性好的绝缘胶带包扎牢固,中间不宜有接头。

2)农用电气设备的临时电源引线距离较长,需用木杆架起。距离较近需地面敷设时,应选用电缆电源线或绝缘性能好、机械强度高的胶质导线,以防地面潮湿漏电或破坏导线外层绝缘。

3)当农用电气设备用电线路需与闸刀开关、继电器、熔断器等配套使用时,其容量要相符。

4)当多台农用电气设备成排接地(接零)线与同一接地(接零)系统连接时,各设备接地(接零)线必须与同一接地(接零)系统并联连接,严禁串联连接。

5)农用电气设备应放置在作业场所的干燥位置或地势较高处,条件允许时应搭棚遮雨、防晒。

6）为确保农用电气设备安全，防止他人乱动以及随意推拉闸刀开关造成事故，在使用期间应有专人操作和看守。

2. 雷电、静电的安全防护措施

（1）雷电安全保护措施

1）建筑物防雷电主要有以下防护措施。

①安装雷电防护装置。应在厂房、库房等建筑物易遭受雷击部位装设避雷针、避雷线、避雷带、避雷网等，以捕获雷电并将其安全导入地下。

②加强电线的绝缘保护。库房、大棚等的电线设备一定要加强绝缘保护，防止电线在雷电天气中被击中，引发电路短路或火灾，造成严重后果。

③定期检查。定期对建筑物、设备设施及雷电防护装置进行检查，确保其处于良好工作状态。

④维护保养。对雷电防护装置进行必要的维护保养，如清除锈蚀、更换损坏的部件等，确保其正常运行。

⑤维修和更换。及时维修和更换部分雷电防护系统，以确保整个雷电防护系统的有效性和可靠性。

2）人身防雷击主要有以下措施。

①在雷雨天气时，尽量不在室外、野外逗留。必须在室外、野外工作和停留时，最好穿不浸水的塑料雨衣及胶鞋或绝缘鞋等。

②雷雨天气时，应进入有宽大金属构架或有避雷设施的建筑物内，不能在墙脚下、木屏下，尤其不可在孤树下避雨。

③在雷雨天气时，必须离开小山、小丘或隆起的小道、沟崖、峭壁，尽量远离湖边、河边、池塘、金属网、金属构件、金属晒衣绳，以及旗杆、孤塔、烟囱、孤树和无防雷设施的零星建筑物等，同时要远离建筑物的接地引线和接地体。

④雷雨天气时，不要在田野扛着锄头、锹、镐等工具行走，不要打带有金属尖的雨伞。

⑤雷雨天气时，禁止使用无避雷装置的室外天线收看电视，最好不拨打或接收电话。在多雷区或雷电活动频繁的地区，应在电源进户处装设低压避雷器或保护间隙。

（2）静电的安全防护措施

静电是一种处于静止状态的电荷，当电荷聚集在某个物体上或表面时就形成了静电。由静电引起的最严重危害是火灾和爆炸。静电作为一种自然现象，要想彻底消灭是不可能的，人们只有采取降低静电危害的防护措施，以最大限度地降低静电危害的损失。

1）人体静电安全防护措施。人体是一切活动的主体，人体静电是静电危险场所中的主要危险源之一。人体静电的防护系统包括防静电工作服、防静电工作鞋、防静电地面、防静电工作台、防静电工作椅、佩戴防静电腕带、防静电手套等。使用中应确保腕带接地线与静电接地线可靠相连。在静电危险场所，不准脱换衣服，不准握手、拥抱、跑跳等，只有这样才能有效控制人体静电的危害。

2）机器设备静电防护。

①利用静电序列优先的原则选择工艺配方和设备、材质。根据工序产生静电的具体情况选用不同类型的静电消除器。在易燃易爆场所中使用的周转车、容器、货架等应具备静电防护性能，不允许使用金属和普通塑料容器。

②在易发生火灾和爆炸的场所，传动部分应尽量减少皮带传动和使用异质金属齿轮传动。设备管道应光滑、平整、无棱角，管径不宜突变，并且应控制可燃、易燃爆液体的流速等。

③易燃易爆场所机器设备要进行静电保护接地，凡可能产生静电的金属容器、输送机械、管道、工艺设备，如球磨机、过筛机、混药机、通风装置和空气管道等均应可靠接地。处理可燃气体或物质的机械外壳及一些金属设备应接地。

3）环境静电防护。湿度对材料表面电阻率影响极大，因此在工艺条件允许的情况下，增加环境的相对湿度，可以增大电荷消散速率，减少静电电荷的积聚。

在易燃易爆场所应安装可燃气体、粉尘浓度监测报警装置，当环境浓度达到燃爆极限时应及时报警。

易燃易爆场所应定期搞好清扫工作，不要造成积灰结垢等。

4）加强防静电安全管理。易燃易爆场所要制定相应的防静电管理制度和岗位安全责任制，并定期对职工进行安全生产、安全防火、防静电危害知识的培训教育和考核。

管理人员应对易燃易爆场所的防静电措施进行巡回检查，并随时或定期对人员、设备及各种防护措施进行检测，以保证防护措施的有效性。

3. 触电事故的现场急救

人体触电后，除特别严重的当场死亡外，常常会出现暂时失去知觉，形成假死的情况。如果能使触电者迅速脱离电源，并采取正确的救护方法，可以挽救触电者的生命。

当触电事故发生时，抢救者应保持冷静，争取时间，一边通知医务人员，一边根据触电者的伤害程度立即组织现场抢救。要争分夺秒使触电者脱离电源，脱离电源要根据具体情况和条件采取不同的方法，如抢救者离开关或插座较近，应迅速拉下开关或拔掉插头，以切断电源；如距离较远，应使用干燥的木棒、竹竿等绝缘物将电源移开；如附近没有开关、插座等，则可用带绝缘手柄的钢丝钳从有支撑物的一端剪断电线；如果身边什么工具都没有，可以用干衣服或者干围巾等将自己的一只手厚厚地包裹起来，使其严密绝缘，并拉触电者的衣服，若附近有干燥木板，最好站在木板上拉，使触电者脱离电源。总之，要迅速使用现场可以利用的绝缘物，使触电者脱离电源，并要防止救护者触电。

触电者脱离电源后，必须在现场附近就地抢救。若触电者神志清醒，应使其就地躺平，严密观察，暂时不要使其站立或走动；若触电者神志不清醒，应就地仰面躺平，且确保气道通畅，并用 5 s 时间，呼叫触电者或轻拍其肩部，以判定其是否丧失意识。禁止摇动触电者头部并就地呼叫触电者。对于触电后又摔伤的触电者，应使其就地平躺，保持脊柱在伸直状态，不得弯曲；如需搬运，应使用硬木板保持平躺，使触电者身体处于平直状态，避免脊椎受伤。对于需要抢救的触电者，应立即就地采用"口对口人工呼吸法"和"胸外心脏按压法"进行抢救。

二、电气防火与防爆

1. 电气火灾和爆炸形成的原因

电气火灾和爆炸除了设备的缺陷或安装不当等设计、制造和施工方面的原因外，还有在运行中电气设备过热、电火花或电弧引发火灾和爆炸等直接原因。

（1）电气设备过热

电气设备过热主要是电流的热效应造成的。引起电气设备过热主要有以下原因。

1）短路。线路发生短路时，线路中的电流将增加到正常工作电流的几倍甚至几十倍，使设备温度急剧上升，尤其是连接部分接触电阻大，如果温度达到可燃物的起燃点，即会引起燃烧。

2）过负荷。由于导线截面和设备选择不合理，或运行中电流超过设备的额定值，或超过设备的长期允许温度，都会引起发热。

3）接触不良。导线接头连接不牢靠，活动触头，如开关、熔丝、插座、灯泡与灯座等，接触不良，会导致接触电阻变大，接头过热。

4）铁心过热。因变压器、电动机等设备的铁心过饱和或非线性负载引起高次谐波造成铁心过热。

5）散热不良。设备的散热通风设施遭到破坏，设备运行中产生的热量不能及时有效地散发，造成设备过热。

6）发热量大的一些电气设备因安装或使用不当，也可能引起火灾。

（2）电弧和电火花

电弧和电火花是一种常见的现象。在常规环境下，开关元件的分断与闭合、插头的拔插或电刷的换向等产生的电弧或电火花是正常的、允许的。但在充有爆炸性气体、爆炸性粉尘及易燃危险物质的环境中，即使是微小的电弧或电火花也会引发火灾和爆炸，因此必须引起足够重视。

2. 电气火灾和爆炸的安全防护措施

发生电气火灾和爆炸的原因可以概括为两条：一是现场有可燃易爆物质，二是现场有引燃物引爆的条件。所以应从改善现场环境条件着手，设法从空气中排除各种可燃易爆物质，或使可燃易爆物质浓度减小，同时应加强对电气设备的维护、监督和管理，防止电气火源引起火灾和爆炸事故。

（1）排除可燃易爆物质

保持通风良好，使现场可燃易爆的气体、粉尘和纤维浓度降低到不致引起火灾和爆炸的限度内。

有可燃易爆物质的生产设备、储存容器、管道接头和阀门应严格密封，减少和防止可燃易爆物质的泄漏。

（2）排除电气火源

1）易燃易爆危险场所安装的电气设备和装置应该采用密封的防爆电气设备和装置。

2）电气设备的金属外壳应可靠接地（或接零）。

3）电力线路的绝缘导线和电缆的额定电压不得低于电网的额定电压，低压供电线路电压不应低于 500 V。

4）要使用铜芯绝缘线，导线连接应保证良好可靠，应尽量避免接头。

（3）保证安全供电的措施

电气设备运行中的电压、电流、温度等参数不应超过额定允许值。在电气设备运行中，特别要注意线路的接头或电气设备进出线连接处的发热情况。在有气体或蒸气爆炸混合物的环境中，电气设备表面温度和温升应符合规定。在有粉尘或纤维爆炸性混合物的环境中，电气设备表面温度一般不应该超过 125 ℃。

三、电工作业安全规范

1. 基本要求

（1）未经安全培训和安全考试不合格者严禁上岗。

（2）电工人员必须持电气作业许可证上岗。

（3）不准酒后上班，更不可在班中饮酒。

（4）工作时应穿戴适当的个人防护装备，包括绝缘手套、绝缘靴、安全帽、护目镜等，否则不准许上岗。

（5）合理规划工作流程，确保设备和电气系统的安全维护，避免因工作流程混乱导致的事故。

（6）高空作业时，必须系好安全带。

（7）正确使用电工工具，所有绝缘工具均应妥善保管，严禁他用，并应定期检查、校验。

（8）电气检修、维修作业及危险工作严禁单独作业。

（9）严禁带电移动高于人体安全电压的设备。

（10）选择和使用合适的工具和设备，确保其符合工作要求。手持电动工具必须使用漏电保护器，且使用前须按漏电保护器试验按钮来检查是否正常可用。

（11）熟悉紧急停电程序和应急措施，确保在发生问题时能够迅速、正确地采取行动。

2. 电工操作安全规定

（1）在巡视检查时如发现有故障或隐患，应立即通知生产方，然后采取全部停电或部分停电及其他临时性安全措施进行处理。

（2）在进行电气维修、安装或检修工作前，必须切断相应的电源，使用合适的断路器或开关来确保工作区域没有电流。

（3）停电时应先断空气断路器，后断隔离开关，送电时与上述操作顺序相反。

（4）工作中所有拆除的电线均要处理好，将不立即使用的裸露线头包好，以防发生触电。

（5）在操作过程中要防止电弧和电火花的产生，尤其是在易燃气体、蒸气或粉尘的环境中，应采取适当的防护措施。

（6）使用正确尺寸和类型的扳手和旋具，避免使用损坏或不合适的工具，防止意外触电和手部受伤。

（7）尽量避免单手操作电气设备或工具，应采用双手操作，以提高稳定性和安全性。

（8）在需要攀爬的情况下应使用绝缘梯，并确保梯子的稳定性，以防止高空坠落事故。

（9）严禁带电拉合隔离开关，拉合隔离开关前应先验电，且应迅速果断拉合到位。操作后应检查三相接触是否良好（或三相是否断开）。

（10）使用电焊机时，须戴好绝缘手套，且不允许一手拿焊把，一手拿地线，防止发生触电事故。

（11）在进行检修工作时，必须先停电验电，留人看守或挂警告牌，在有可能触及的带电部分需加装临时遮栏或防护罩，然后验电、放电、封地。验电时必须保证验电设备良好。

（12）检修结束后，应认真清理现场，检查携带工具有无缺少，检查封地线是否拆除，短接线、临时线是否拆除，拆除遮栏等，通知工作人员撤离现场，取下警示牌，按送电顺序送电。工作完成后，必须收好工具，做好卫生。

四、电工安全用具的使用

1. 电工安全用具的概念

电工安全用具是用来防止电气工作人员在工作中发生触电、电弧灼伤、高空坠落等事故的重要工具。电工安全用具分为绝缘安全用具和一般防护安全用具两大类。

（1）绝缘安全用具

绝缘安全用具又分为基本安全用具和辅助安全用具。

1）基本安全用具。基本安全用具的绝缘强度应能长期承受工作电压，并能在本工作电压等级产生过电压时，保证电气工作人员的人身安全。常用的基本安全用具有绝缘棒、绝缘夹钳、验电器等。

2）辅助安全用具。当绝缘强度不能承受电气设备或线路的工作电压时，就要加强基本安全用具的保护能力，用来防止接触电压、跨步电压、电弧灼伤等对操作人员的危害。常用的辅助安全用具有绝缘手套、绝缘靴、绝缘垫、绝缘站台等。

（2）一般防护安全用具

一般防护安全用具是用来为电气工作人员在进行电气检修操作时，创造一个方便、安全、适宜的作业环境,确保检修人员作业时使用安全的用具。如携带型接地线、临时遮拦、标识牌、警示牌、防护目镜、安全带、安全帽、绝缘梯和脚扣等,都是防止工作人员触电、电弧灼伤、高空坠落的一般安全用具。

2. 电工安全用具的使用与维护

(1) 电工安全用具的使用

1) 常用基本电工安全用具的使用如下。

①绝缘杆(操作棒或绝缘棒)。绝缘杆主要用于断开或闭合高压隔离开关、跌落式熔断器,安装和拆除携带型接地线,进行带电测量和试验工作等。绝缘杆的使用要求如下。

a. 绝缘杆表面应清洁干燥,使用前,应检查表面有无裂纹、毛刺、划痕、孔洞、断裂及机械损伤,且要直接从保管室取出。

b. 操作时应戴绝缘手套、穿绝缘靴或站在绝缘台(垫)上,并注意防止碰伤表面绝缘层。

c. 操作时,人体应与带电设备保持足够的安全距离,操作人员的手握部位不得越过护环,以保持有效的绝缘长度,并注意防止绝缘杆被人体或设备短接。

d. 使用绝缘杆时,应准确、迅速、有力,尽量减少与高压电器接触的时间,但用力不能过猛,以防损坏相关电器。

e. 雨雪天在室外对高压电器进行操作时,绝缘杆上须装有防雨雪的伞形罩。

应特别注意的是,绝缘操作杆的电压等级必须符合被操作设备的电压等级,电压等级低的绝缘杆不能操作电压等级高的电气设备及线路。

②绝缘钳。在对电气系统进行安装或检修作业时,绝缘钳主要用于夹持高压熔断器等。其使用方法如下。

a. 使用绝缘钳之前,要对其外观进行详细检查,看钳体有无损伤、异常,是否清洁,应直接从保管专用盒子中取出。

b. 操作时应戴绝缘手套、穿绝缘靴,必要时还应站在绝缘垫上并戴护目镜,且必须在切断负载的情况下进行操作。

c. 使用绝缘钳时应全神贯注,握紧钳把,使被夹持物不脱落,并保持身体平衡。夹持操作要准确、迅速、有力,尽量减少与带电体的接触时间。

d. 在雨雪或潮湿天气进行操作时,应使用专门的防雨夹钳。

e. 电压等级必须符合被操作设备的电压等级。

f. 使用绝缘钳时应有专人监护,绝缘钳上不允许装地线,以防碰击带电体而造成事故。

③验电器。验电器分为高压和低压两类，低压验电器又称为试电笔，其主要作用是检查电气设备及线路是否带有电压。高压验电器还可用于测量高频电场是否存在。低压验电器除判断电气设备及线路是否带电外，还可以区分相线（火线）和地线（零线）。

a. 高压验电器使用注意事项如下。

a）验电前先检查验电器外观有无损坏，再在带电设备上进行试验，确认验电器完好后方可使用。

b）验电时，操作人员要戴绝缘手套，人体与带电体应保持足够的安全距离，且有专人监护。

c）验电时，不要用验电器直接接触设备的带电部分，应逐渐靠近带电体。

d）验电时，必须三相逐一验电，不可随意验电。

e）验电器的额定电压必须与被验带电体电压等级相符或高于被验带电体电压等级。

f）在雨、雪、浓雾及其他湿度较大的天气时，为确保人身安全，禁止在室外使用验电器。

g）为确保验电工作万无一失，防止发生严重事故，当被验设备验明无电时，应将验电器在带电设备上复核一次，确保其工作性能良好，防止验电器突然失灵，误将带电设备判为无电。

b. 低压验电器的使用注意事项如下。

a）使用低压验电器时，要手握验电笔并用手指触及笔尾的金属体或中心螺钉，否则即使有电也无法测出。

b）验电时，笔尖金属体必须与被测物金属部分接触良好。

2）常用辅助电工安全用具的使用如下。

①绝缘手套。绝缘手套是电气操作人员在进行高压操作时，用来加强作业人员操作安全性的辅助安全用具。按其绝缘等级划分为 12 kV 绝缘手套和 5 kV 绝缘手套两种。

使用绝缘手套前，需将手套朝手指方向卷曲，检查手套有无裂口或漏气、是否破损。使用时穿束口衣袖，将袖口伸进手套延长部分内。使用过程中应保持手套清洁、干燥，避免手套与锋利尖锐物及污物接触，以防损伤其绝缘能力。

②绝缘靴（鞋）。绝缘靴（鞋）是电气工作人员进行高压作业时，为防止跨步

电压，用来与地保持绝缘的辅助安全用具。绝缘靴（鞋）分20 kV（试验电压）和6 kV两种。它的鞋筒高度不小于15 cm，而且上部另加高边5 cm。

使用绝缘靴时应穿束口裤，将裤口伸进靴腰里，并保证脚及袜子清洁、干燥。

使用过程中防止与锋利尖锐物、化学酸碱物品及石油类油脂接触，而导致绝缘能力降低。当鞋底磨损1/3厚度（即大底磨光露出绝缘层：黄色胶面）时，则不能再当绝缘靴（鞋）使用。

③绝缘垫。绝缘垫又称绝缘胶板、绝缘板，是在任何电气设备上带电作业时，铺在设备周围，加强操作人员对地的绝缘，用来防止接触电压及跨步电压而采用的辅助安全用具。绝缘垫厚度分为4 mm、6 mm、8 mm、10 mm及12 mm五种，前两种适用于1 kV及以下电压环境，后三种适用于1 kV以上电压环境。

使用前，需检查绝缘垫有无划痕、裂纹或破损，保证品质优良。使用过程中，保持绝缘垫清洁、干燥，避免阳光直射或尖锐物划刺，并应远离热源，以防其老化、皲裂或变质、变黏，导致绝缘性能降低。

④绝缘台。绝缘台的最小面积是0.8 m×0.8 m，四角用绝缘体作台脚，其高度不得小于10 cm。使用绝缘台时，应将其放在坚硬、平整的地面上。台面不能与地面上的泥土、草、石块等杂物接触，以防降低台面的绝缘性能。绝缘台不要被雨淋，要放置在干燥的室内，保持台面清洁、干燥。

3）常用一般防护安全用具的使用如下。

①标示牌。标示牌是用来警告作业人员不得接近设备的带电部分，提醒作业人员在工作地点应采取安全措施，并指明应检修的工作地点，以及警示值班人员禁止向检修处的设备合闸送电等的用具。

标示牌的悬挂和拆除应按照电工作业安全工作规程的规定进行，通常由负责安全的值班人员悬挂及拆除。

②绝缘遮栏。绝缘遮栏是用来防止电气工作人员不慎碰到带电设备从而发生危险的用具。绝缘遮栏分为固定遮栏和活动遮栏两类。其高度一般不低于1.7 m，下部边缘离地面应不大于10 cm，遮栏上应悬挂"止步，高压危险"标示牌。

③安全帽。安全帽是电气作业人员的必备用品。任何人员进入施工现场都必须正确佩戴安全帽。佩戴前需检查安全帽是否有划痕、裂缝、孔洞或冲击痕迹。受过一次强冲击或做过试验的安全帽不能继续使用，应予以报废。戴好安全帽后，应将帽箍扣调整到合适的位置，锁紧下颌带，防止工作中因前倾后仰或其他原因造成的滑落。

④安全带。使用安全带时,必须进行一次外观检查,在使用过程中,也应注意查看,半年至一年内要试验一次,以主部件不损坏为标准。如发现安全带有破损变质等情况,应及时反映并停止使用,以保证操作安全。

(2)电工安全用具的保管与维护

1)存放和保管电工安全用具时应做到以下几点。

①电工安全用具应设专人保管,建立入库检查、维护保养、借用、定期试验及报废等制度,并严格执行,且有详细记录。

②电工安全用具应放在通风良好、清洁、干燥的场所,分门别类保管,不能随意乱扔乱放及当作他用。

③绝缘用具使用后要用不掉纤维的棉布蘸酒精擦干净表面,不得放在过冷、过热、阳光暴晒或有酸、碱、油等的地方。绝缘杆应放在专用木架上,不能靠墙或在地面上放置。绝缘手套、绝缘靴(鞋)要存放在密闭橱内,与其他工具、仪表分别存放。绝缘垫、绝缘台及绝缘隔板则应放在专用支架上。

④检修电工安全用具中的临时接地线应挂在木架或墙上,临时遮栏、标示牌要放在固定有棚的场所。

⑤验电器存放在防潮匣(或套)内。

2)电工安全用具的维护和保养如下。

①定期对电工安全用具进行清洁,去除灰尘和污垢,以确保设备正常工作。可使用软毛刷和清洁液进行清洁,注意避免水分进入电器内部。

②根据设备规定的润滑周期,及时添加润滑剂,保持设备正常工作状态。润滑剂应选用符合设备规定的专用润滑油。

③检查设备的磨损部件,如刀片、线缆等,若发现磨损,应及时更换,避免因磨损引发设备故障或事故。

④按照设备的保养周期进行定期保养,如更换零部件、清洗电路等,保证设备的正常运行。

⑤定期对电气部分进行检测,如电线、插头等,确保电气系统正常运行,避免因电气问题导致事故的发生。

⑥做好维护保养记录,包括维护时间、维护人员、维护内容等。

⑦维护保养工作应由受过专业培训的人员进行,确保维护保养过程的安全性和有效性。

培训课程 4 安全使用农药知识

学习目标

了解农药的安全合理使用方法,掌握农药储存与保管方法。

农药是指用于预防、控制危害农业、林业、草原的病、虫、草等有害生物,以及有目的地调节作物生长的化学合成,或来源于生物、微生物、其他天然物质的一种物质或者几种物质的混合物及其制剂。安全合理使用农药的目的是控制和防止农药对作物、水体、大气环境的污染,保障人畜健康,促进农业生产。

一、农药选购

1. 农药种类

农药品种繁多,分类方法也不同,按防治对象不同进行分类是最常见的分类方式,其可分为以下几种类型。

(1)杀虫剂

杀虫剂是目前我国用量较大的一类农药,主要用于防治害虫,在农业、林业、卫生、仓储及畜牧方面应用广泛。有的杀虫剂同时具有杀螨或杀线虫的作用。按作用方式,杀虫剂可分为以下几类。

1)胃毒剂。是指药剂通过害虫的口器和消化系统进入体内,使害虫中毒死亡的一种杀虫剂。此类药剂一般是喷洒到作物上,咀嚼式口器的害虫取食后经消化系统吸收而死亡,如辛硫磷、灭幼脲、抑太保和苏云金杆菌等。

2)熏蒸剂。是指在常温常压下能挥发成气体或分解产生的有毒气体混合在空气中,达到一定浓度后通过害虫的呼吸系统,也可直接渗透体壁而进入害虫体内,使之中毒死亡的药剂。如敌敌畏、磷化铝、溴甲烷、环氧丙烷、三氯乙腈等。

3）触杀剂。是指与害虫体壁接触渗入虫体使之中毒死亡的药剂。药剂喷洒到害虫体表，会渗透至其体内，或堵塞害虫的气门使其窒息而死，或干扰害虫的生理代谢、破坏虫体某些组织，使害虫死亡。有时药剂滞留在作物表面，害虫爬过时可通过表皮、足、触角进入虫体发挥杀伤作用。应用此类杀虫剂时应尽可能喷洒均匀，只有喷至虫体上，药剂才能较好地发挥作用。如高效氯氰菊酯、溴氰菊酯等。

4）引诱剂。是指能引诱害虫的药剂，常用的有取食引诱剂、性引诱剂。引诱剂本身无毒或毒性很低，但可以与其他杀虫剂混用或将引来的昆虫捕捉。

5）拒食剂。是指害虫取食药剂后，不再取食作物直至饥饿而死的药剂，如拒食胺、吡蚜酮等。

6）内吸剂。是指药剂喷洒到作物上，被吸收到作物体内，并随体内汁液传导至各个部位，当害虫吸食作物汁液时即中毒而死的药剂。如氧化乐果、丁硫克百威等。

（2）杀螨剂

杀螨剂是指用于防治植食性害螨的药剂，多具有触杀和内吸的作用。如哒螨灵、炔螨特、螺螨酯、噻螨酮、甲氰菊酯等。

（3）杀菌剂

杀菌剂是指能够直接杀灭或抑制作物病原菌生长和繁殖的农药，根据作用原理可分为保护性杀菌剂、治疗性杀菌剂和铲除性杀菌剂。

1）保护性杀菌剂。是指在病原菌侵染前或病害流行前使用于作物可能受害的部位，以保护或防御作物不受病原菌侵染的杀菌剂，如铜制剂、硫黄、晶体石硫合剂、代森锰锌、代森锌、代森铵、代森联、丙森锌、福美双、百菌清、敌磺钠、异菌脲、石硫合剂、咯菌腈、吡唑醚菌酯、王铜、多菌灵、甲基硫菌灵、噻菌铜、噻唑锌、菌毒清、敌克松等。

2）治疗性杀菌剂。是指在作物患病后，能直接杀死病原菌，或者通过内渗作用渗透到作物组织内部而杀死病原菌，或者通过内吸作用直接进入作物体内，并随着作物体液运输传导而起到治疗作用的药剂。

3）铲除性杀菌剂。是指对病原菌具有直接强烈杀伤作用的药剂。由于作物在生长期一般不能忍受这类药剂，故一般只用于播种前土壤处理、作物休眠期或种苗期施用。

（4）杀线虫剂

杀线虫剂是指用于防治作物线虫病害的一类药剂。由于此类药剂使用剂量往往较大，因此应注意某些高毒种类。杀线虫剂根据作用方式可分为熏蒸剂和非熏蒸剂两大类，前者如棉隆，后者如灭线磷。

（5）除草剂

除草剂是一类用来防治杂草或有害作物的药剂。按选择性能可分为选择性除草剂和灭生性除草剂，前者如苯磺隆、乙草胺，后者如草甘膦、百草枯。按输导性能可分为输导型除草剂和触杀型除草剂，前者如草甘膦，后者如百草枯。按成分与来源可分为有机合成除草剂（苯氧羧酸类、醚类、酚类、酰胺类、氯基甲酸酯类、取代脲类、三氮苯类、有机磷类、杂环类等）和微生物除草剂（茴香霉素、茄香霉素等）。

（6）作物生长调节剂

作物生长调节剂是指人工合成的具有调节作物生长发育的一类化合物，也称为外源激素。作物生长调节剂是仿照作物激素的化学结构，由人工合成的具有作物激素活性的物质。它的合理使用可以使作物生长发育朝着健康的方向或人为预定的方向发展，增强作物的抗虫性、抗病性，起到防治病虫害的目的。常见的作物生长调节剂种类有矮壮素、烯效唑、多效唑、萘乙酸、赤霉素、芸苔素内酯、复硝酚钠等。

2. 选购农药的原则

农药的选购要遵循对症、有效、安全、经济的原则。

（1）注意"对症选药"

要明确防治对象，以便"对症治疗"。要选择用量少、防治效果好、毒性低、在食品和环境中残留少、残留时间短、性价比高的农药。

（2）看品牌、生产厂家，选择优质农药

优先选购经过国家注册的大型企业生产的农药。看农药标签上是否标注农药登记证号、农药生产许可证号和执行标准号。没有以上三种证号的农药不要购买。

（3）看有效成分及含量，防止选购劣质农药

凡有效成分含量与实际含量不符的均属劣质农药。乳剂中有沉淀，粉剂有结块的农药可能失去使用效能。

（4）看生产日期、保质期，防止选购过期农药

根据规定，过期农药经省级以上农业行政主管部门的农药检定机构检验，符

合标准的可以在规定期限内销售,但必须注明"过期农药"字样,并附具使用方法和用量。已超过保质期,又没有检验结果的农药不要购买。

(5)看农药生产厂家的地址、通信方式,防止购买冒牌农药

当前市场上有冒充正规厂家生产的农药,其产品存在严重的质量隐患,又无法承担民事责任,故选购时应注意标签上的通信地址是否与生产厂家的通信地址一致。

(6)看注意事项,防止产生药害及破坏生态环境

有些农药在某种作物上不宜施用,有些农药在某种环境下不能使用,选购时应特别注意,以免产生药害或破坏生态环境。

(7)从农药产品的外观判断优劣

粉剂、可湿性粉剂若已结块,则往往表明其已经受潮,不仅细度达不到要求,其有效成分含量也常常发生了变化;若色泽不均,则可能存在质量问题。乳油若有分层和混浊现象,则可能已经变质。胶悬剂经摇动后若有结块现象说明存在质量问题。熏蒸用的片剂若已呈粉末状,则表明已失效。

二、农药的储存与保管

1. 管理要求

选用经过专业技术培训、掌握农药基本知识和安全常识的人员管理库房。严格落实农药出入库登记制度,定期巡查存放的农药有无异常,定期维护库房内通风、照明、消防设施。

2. 储存环境

农药储存场所应该具备通风、避光、防潮、防火、防鼠、防盗等条件,储存面积应符合储存农药的数量。储存室温度应该控制在 5~35 ℃,湿度应控制在 40%~60%,储存室应装有温湿度计、照明设施、灭火设备、一氧化碳报警器等。密闭式存储柜、储存箱应装有通风装置,确保柜内气体流通,不积压有毒有害气体。

3. 农药储存要求

农药储存应做到分类储存,即按照农药的性质、种类、生产日期分别存放,堆放合理,垛码稳固,严禁混存。

三、农药的安全合理使用

1. 农药的配制与防护

农药的配制事关农药使用效果、使用安全及配制人员人身安全,应做好安全

防护措施。首先,配药应按照农药标签或说明书选用配制方法,按规定或推荐的药剂用量和稀释倍数定量配制;农药的混用必须依据药剂本身的化学和物理性质,以及病、虫、草害发生的规律和生活史等来判断是否能混合或需要混合。其次,配制过程中不要用手直接接触和搅拌稀释农药,应采用专用器具配制并使用工具搅拌;应穿戴防护衣具,如防护帽、口罩、防毒眼镜、塑料雨衣等,防止沾上或吸入药液造成中毒;配制农药应在远离住宅区、人员聚集地、水产养殖区、牲畜栏和水源等场地进行。再次,药剂宜现配现用,已配好的药剂应尽可能采取密封措施。开封后余下的农药应封闭保存,放入专库或专柜并上锁,不应与其他物品混合存放。最后,配药器械宜专用,每次使用后要清洗干净,但不应在水源边及水产养殖区冲洗。

2. 安全合理施药及防护

施药人员在施药过程中应穿戴相应的防护用品,如透气性工作服、口罩、防护帽、胶皮手套、防毒眼镜等。

施药人员应该是经专业培训的身体健康的成年人,身体不健康、孕妇、未成年人不得施药。

禁止在高温、大风条件下施药。夏季最好是在上午12点以前和下午4点以后施药,避开高温时段。

施药期间工作人员不准进食、饮水、吸烟。

施药人员连续喷药时间不能太长,每天喷药时间不能超过6 h。施药过程中若人员出现乏力、头昏、恶心、呕吐、皮肤红肿等疑似中毒现象,应立即离开现场,脱去被污染的衣服,用肥皂清洁身体,中毒症状较重者应立即送医院治疗。

在喷药过程中,如果不慎沾上药液,应迅速用肥皂洗净,若进入眼部应立即用盐水洗净。施药后及时用肥皂清洁手脸和被污染的部位,被污染的衣物和药械应彻底清洁干净后再存放。

施药后的区域应有警告标示,一般24~72 h不准进入。

选用良好的施药器械,临时放置于田间的农药、器械须有专人看管。

3. 农药废弃物的安全处理与防护

农药废弃物包括被禁止使用但仍有库存的农药、过期失效的农药、假劣农药、农药施用后剩余的残液、盛装农药容器的冲洗液、农药包装物(瓶、桶、袋)、被农药污染的外包装物或其他物品等。国家鼓励农药使用者妥善收集农药包装物等废弃物,农药生产企业、农药经营者应当回收农药废弃物,防止农药污染环境和农药中毒事故的发生。

农药废弃包装物严禁作为他用，不能丢放，要妥善处理。完好无损的农药包装可由销售部门或生产厂家统一回收。高毒农药的破损包装物要按照高毒农药的处理方式进行处理。处理农药废弃物的金属罐和桶等装置要清洗埋掉，土坑中容器的顶层要距地面 50 cm 以上。玻璃容器要打碎并填埋，杀虫剂的包装纸板要焚烧，除草剂的包装纸板要埋掉，塑料容器要清洗、穿透并焚烧。对于不能立即处置的容器，则应将其洗净并放在安全的地方。对于大量农药废弃物和被国家指定技术部门确认的变质、失效及淘汰的农药，处理方法及场所应征得相关部门同意，并报上级主管部门备案。

农药经营者应当在其经营场所设立农药包装废弃物回收装置，不得拒收其销售农药的包装废弃物。农药使用者应当及时收集农药包装废弃物并交回农药经营者或农药包装废弃物回收站（点），不得随意丢弃。农药经营者和农药包装废弃物回收站（点）应当建立农药包装废弃物回收台账，记录农药包装废弃物的数量和去向信息。回收台账应保存两年以上。

4. 作物药害及其预防

（1）药害的定义与分类

由于农药的使用而对农作物生长发育及产量品质产生不良的影响，称为药害。作物药害根据不同的分类标准可以分为不同的类别。

按药害发生的作物分类包括直接药害和间接药害。直接药害是指施药后对当季作物造成的药害。间接药害是指由于残留问题造成的对下茬作物的药害，或由于农药雾滴飘移导致附近作物发生的药害。

按药害发生的时间分类，包括急性药害、慢性药害和残留药害。急性药害发生快，症状明显，可从作物形态变化直接观察到，如焦灼斑、枯萎、穿孔、卷叶、失绿、畸形、落叶、落花、落果、发芽率降低、生长缓慢、植株矮化、生育期推迟，甚至出现死芽、缺苗或成株枯死。慢性药害症状不明显，从作物外形上难以观察到，又称隐患性药害，只有与未受药害的健康植株相对照，才能予以判断，一般表现为生长发育不良。残留药害主要是指施用在土壤中的农药或其有生物活性的降解产物残留下来，虽对施药当时的作物未表现出药害，但却会影响敏感作物，或有时第一次施药对当时的作物未表现出药害，但多次施药或连年施药，土壤中残留的农药会蓄积到对这种作物产生药害的程度。

（2）药害的预防

1）谨慎用药。使用农药之前，应仔细阅读使用说明，特别是"注意事项"一栏，搞清其使用对象和防治对象、施用方法、施药量、施药时间等，再结合药剂的特性及当地的使用习惯和试验数据，确定农药的最大使用剂量。对新药和未使用过的药剂，或对质量等方面有怀疑的药剂，应按照技术资料上的使用方法，先进行小范围的药剂试验，取得一定经验后，再大面积推广使用。

2）正确用药。根据防治对象和作物种类，选择适宜的农药品种，做到对症用药。严格按要求的浓度、用量、施药时期、用药次数施药，不任意增减。采用正确的药剂配制方法，做到随配随用。

3）合理混用农药。多数农药不能与碱性物质混用。如有机磷农药不能与碱性农药（如波尔多液、石硫合剂等）混用，哒嗪硫磷不能与 2,4-D 混用，异丙威不能和敌稗混用或同时使用。

4）全面了解不同作物对药剂的敏感性。不同作物、不同生育期和不同部位对不同农药的敏感性是不同的。此外，大部分作物在幼苗期耐药性差，在花期、孕穗期或生长不良等情况下对农药敏感，用药时要特别慎重。

5）正确掌握施药时间和天气情况。有风天气下施药，特别是施用除草剂时，易发生飘移而引发下风敏感作物药害。灭生性除草剂因雾滴飘移易对多种作物产生药害。也有的药剂在雨天和潮湿的天气施用易产生药害。

6）注意施药质量。喷施农药要均匀，雾滴不能过粗、过重，药量不能过大，喷头与作物间要有适当的距离，一般应相距 50~70 cm，对花、幼果、花蕾等部位都应尽量避免药量接触过多。

7）严格水层管理。水田施用除草剂防除杂草，一般要求施药后，应保持稻田中有 3~5 cm 浅水层，时间为 5~7 天，这不仅可以更好地发挥药效，也可减少药害的发生。水层过深，淹没心叶，也容易发生药害。

8）药械清洗。施药结束后药械要及时清洗，用肥皂水或 2%~3% 烧碱水反复冲洗数次，再用清水冲洗干净。喷过除草剂的喷雾器械必须着重清洗，应先使用 0.2% 苏打水清洗机身和喷头，再用苏打水浸泡 8~12 h，最后用清水洗净。

培训课程 5

农产品质量安全知识

掌握农产品质量安全相关概念，了解无公害农药的选择与使用，掌握无公害农产品、绿色农产品及有机农产品的安全生产技术。

一、农产品质量安全的有关概念

1. 农产品质量安全的概念

农产品质量安全是指农产品质量达到安全标准，符合保障人的健康、安全的要求。即农产品在符合应有的营养指标外，不能携带可能损害人类身体健康的危险物质，包括可能导致任何急慢性危害、感染疾病，或者影响消费者及其子孙后代健康的安全隐患。在农产品种植养殖、加工、包装、贮藏、运输和销售等活动中，也不存在损害或影响消费者及其子孙后代健康的危险物质和安全隐患。

2. 农产品质量安全标准

农产品质量安全标准是依照有关法律、行政法规的规定，制定和发布的农产品质量安全强制性技术规范。它是评价农产品质量安全状况的科学基础，是规范农产品生产经营行为的基本准则，也是农产品质量安全依法监管的重要依据。

3. 农产品质量安全监管

农产品质量安全监管是指政府农业相关职能部门对涉及农产品质量安全的农业经济活动进行的一系列监督管理行为。实施农产品质量安全监管，不仅可以保障消费者的权益，促进农产品产业健康发展，而且有利于提升国家形象，促进国际贸易，推动农产品出口和农业对外合作。

4. 农产品质量安全追溯体系

农产品质量安全追溯体系是指运用信息化的方式，跟踪记录生产经营责任主体、生产过程和产品流向等农产品质量安全信息，满足政府监管、生产过程展示和公众查询需要的管理措施。

二、无公害农药的使用

1. 施药方法

无公害农药的剂型和防治对象不同，使用的施药方法也不同。常见的施药方法有喷雾法、喷粉法、撒施法、浇洒法、拌种法、滴施法、涂抹法、浸蘸法、熏蒸法、烟雾法、飞机施药法等。

喷雾法。喷雾法是指将乳油、可湿性粉剂、可溶性粉剂等可供液态使用的农药制剂加水调制成乳液、溶液、悬浮液后，用喷雾器把药液分散成细小的雾点，以雾状形式均匀地喷洒到作物上的一种施药方法。其优点是可直接触及防治对象、分布均匀、防治效果好、操作简便。缺点是施药受气候影响较大、药液易飘移流失、对施药人员安全性较差。

喷雾时应根据喷雾器及其喷头的性能，选择最佳的喷雾距离，摆动喷头让药雾飘落在靶标上。一般来说，背负式电动喷雾器的喷头要和靶标保持 30~50 cm 的距离，机动喷雾机要保持在 1 m 左右的距离。施药量以"叶面充分湿润，但药液又不从叶片上流下来"为宜。

喷粉法。喷粉法是粉剂农药的主要施药方法，它利用喷粉器械产生的气流把粉剂吹散，使粉粒覆盖在靶标及作物表面。其优点是有利于大面积及时防治，作业时不受水源的限制，省药省工，不增加棚内湿度。缺点是该施药方法有飘移的问题，风吹雨淋损失大，防治效果不稳定，且容易污染环境。喷粉要适量、均匀，可以以"用手摸叶片略有粉感，但看不到叶面有粉层"为标准。当风力达到 1 m/s 时，不宜喷粉。喷粉后若 24 h 内下雨，应补喷。

撒施法。撒施法是指抛掷或撒施毒土或颗粒剂农药的施药方法。主要用于土壤处理、水田施药或作物心叶施药。除颗粒剂外，其他农药需配成毒土或毒肥。其优点是农药对天敌的影响小、药剂不飘移，有些具有缓释性的药剂持效期长。缺点是撒施的均匀度不够，施药后需要一定的水分，大部分颗粒剂农药的含量低，防治成本高。撒施时应注意避免在有露水时施药，以防止药土沾染植株产生药害，施药要均匀。

浇洒法。浇洒法又分泼浇法和灌根法两种。泼浇法是用瓢将一定浓度的药液均匀泼浇到作物上，使药液多沉落在作物下部的施药方法。灌根法是将一定浓度的药液灌入作物根区的一种施药方法。此法主要用于防治作物根部病虫害，如地下害虫、瓜类枯萎病等。影响因素主要是药剂本身的内吸性。泼浇法具有工效高、不需施药器械、方法简单等优点，但用药量大、防治成本高。

拌种法。拌种法是指将药粉或药液与种子按一定的比例均匀混合，使每粒种子外表覆盖药层，用以防治种传病害、地下害虫或苗期发生的病虫害的一种施药方法。其优点是防效高、对天敌无影响、不受水源限制等。需注意的是，药剂与种子必须混拌均匀，药剂必须能较牢固地黏着在种子表面并能快速干燥，或很少脱落。

滴施法。滴施法是指在田间灌溉时，将药剂通过滴灌设施设备滴入或撒入流水中，随水流扩散到整块田中的一种施药方法。该方法要求药剂的水溶性、扩散性好。

涂抹法。涂抹法是把高浓度药液通过一定装置涂在作物的某些部位，利用药剂的内吸作用达到防治病虫目的的一种施药方法。涂抹法分为点心、涂花、涂茎、涂干、涂草等几种类型。该方法具有方法简便、工效高、不受水源限制、对天敌影响小等优点。需要注意，涂抹法选择的药剂必须有较强的内吸传导性，涂抹部位要有利于作物吸收。

浸蘸法。浸蘸法是用一定浓度的药剂浸渍种子或苗木，防治某些种传病害及运用作物生长调节剂时常用的一种施药方法。其适用于乳油、水剂、可湿性粉剂等剂型。浸蘸时应注意选择适宜的温度、药液浓度和处理时间。

熏蒸法。熏蒸法是采用熏蒸剂或易挥发的药剂，使其挥发成为气体状态，而起到杀虫灭菌作用的一种施药方法。其适用于仓库、温室、土壤等场所或作物茂密的情况，具有防效高、作用快的优点。

烟雾法。烟雾法是利用燃烧剂所产生的烟雾将药剂随烟雾分散到作物体或病虫体上的一种施药方法。其农药剂型是烟剂，适用于温室病虫害的防治。具有使用方便、工效高、分布性好、不受水源限制、不用施药器械等优点。

飞机施药法。用飞机将农药液剂、粉剂、颗粒剂、毒饵等均匀地撒施在目标区域内的一种施药方法，也称为航空施药法。这种方法特别适用于大面积、地形复杂或难以人工施药的区域。飞机施药法具有快速、高效，适宜复杂地形、覆盖区域广，对施药人员安全性高等优点。但采用飞机施药需要专业的飞行员和操作人员，以及相应的设备和维护。同时在施药过程中，可能受到天气和气候的影响，如风力、降雨等。

2. 施药原则

农药的使用应贯彻"经济、安全、有效"的原则,从综合治理角度出发,科学、合理、正确地使用农药。

(1)正确诊断,合理用药

不同种类无公害农药均有其特定的使用范围和用药限度,并且病虫害种类不同,其防治方法、施药方法、施药时期、所用杀菌剂和杀虫剂品种也都不同。因此,应先明确田间发生的病虫害类型,再针对防治对象选择合适的无公害农药,对症下药,切勿盲目用药。

(2)把握关键,适期用药

应根据病虫害的发生规律、危害特点和农药的性能,抓住防治的关键时期,做到适期用药。一般病害要在发病初期进行防治,控制其发病中心,防止其蔓延发展。虫害则按照"治早、治小、治了"原则,利用幼龄期害虫抗药性弱的特点,在害虫3龄期以前进行防治。杂草防治在杂草萌芽期或幼苗期喷药最为有利。

(3)准确掌握用药浓度和用量

无公害农药使用要按照包装上的说明书,掌握好使用范围、防治对象、用药量和用药次数,不得盲目提高使用浓度,以免造成农药浪费,增加成本,加重环境污染,破坏害虫天敌的生存环境,甚至导致作物产生药害或害虫产生抗药性。

(4)科学使用农药

一般各中性农药之间可以混用,中性农药与酸性农药可以混用,酸性农药之间可以混用,碱性农药不能随便与其他农药混用,微生物杀虫剂不能同杀菌剂及内吸性强的农药混用,混合农药应随混随用。

三、农产品质量安全生产技术

1. 农产品质量安全生产的影响因素与要求

(1)农产品质量安全生产的影响因素

1)农田土壤影响。土壤是农业生产的根本之源,土壤质量是农产品质量安全的前提。如果农田靠近工业区或城市,工业生产活动中排放污染物易引发土壤污染、水域污染等一系列问题。同时,受到工业污染物影响,作物正常的光合作用会受到影响,农产品质量和品质会明显降低。

2)农业生产环节影响。在生产过程中,存在各种影响农产品质量的危险因素。如不正确使用化学农药，尤其是使用违禁农药，在农作物安全采收期使用农药等，容易造成农药残留超标、环境污染等问题。为追求较高的单产和短期的经济效益，超标、超量使用化学肥料，也会导致农产品出现质量问题。

3）贮存、运输、销售环节的影响。在贮存、运输、销售环节，农产品质量将受到冷藏冷冻设备、包装材料、贮藏运输质量、食品添加剂用量等因素的影响。如在鲜活农产品贮存运输期间，冷藏冷冻设备中途发生故障停机，或是设备清理不到位，在远距离运输和长时间低温贮存期间，易出现农产品腐烂变质、二次污染等问题。使用性能不达标、自身存在毒性的劣质包装材料，或是包装上携带病原体，在包装材料与农产品直接接触时，易造成农产品污染和迁移污染。在农产品加工贮存环节，生产现场消杀工作开展不到位、农产品外包装在贮藏运输期间破损，导致农产品遭受外部环境影响、生物啃食与微生物繁殖，会出现外源性污染问题。为延长农产品保鲜周期，提高产品的口感与销售量，违规超量使用添加剂，或是使用廉价化学试剂代替防腐剂、保鲜剂等添加剂，会导致农产品固有品质发生改变，并残留一定的有毒有害物质等。

4）监督管理环节的影响。农产品从开始种植到最后变成食物的整个流通环节存在着不同的监管部门，监管部门之间的责任与职权分工是否清晰，监管力量和监管人手是否充足，相关责任是否能落实到位等因素，都会对农产品质量安全产生影响。

5）检测环节的影响。农药残留检测是检查农产品质量的重要前提，直接关系着消费者的食品安全、健康安全。农药残留检测机构使用检测技术、检测设备的先进性、检测时效性、检测人员数量，以及农业工作者的安全意识等，均会影响到检测的效率、准确度和覆盖度。

（2）农产品质量安全生产的要求

1）做好产地环境管理。农产品生产地环境条件应符合相关产品产地环境标准要求，不在特定农产品禁止生产区域生产特定农产品。产地周边环境清洁，无生产及生活废弃物。水源清洁，无对农业生产活动和产地造成危害或潜在危害的污染源。

2）做好农产品生产中的风险防控。

①把好投入品关。生产中投入的种子、化肥、农药等，均要符合规定。种子的质量合格，肥料中的重金属含量不得超标。选择农产品生产允许施用的化学农药，不使用国家禁止的农药品种。坚决杜绝销售和使用国家明令禁止的高毒、剧

毒农药。严格执行高毒、剧毒农药专管制度。严格执行农药安全间隔期制度。

②把好生产过程关。建立农产品生产记录，记录化肥、农药等投入品使用情况，记录病虫害发生情况等。鼓励和督促农产品生产者，对农业投入品、外源性添加物、作物病虫害、生物毒素等质量安全风险或潜在风险进行有效防控。

③提升检验检测技术和能力。全面完善检验检测体系，扩大监督监测、例行监测范围，加强农药残留监控，从源头上治理农药残留问题。及时进行现代化农产品质量安全检测设备的更新，全面提高检测效率，增加有害物质的检测种类和检测指标，提升检测的精准度，为守护农产品的质量安全提供坚实的保障。

3）做好农产品监督管理工作。监管部门要加大执法查处力度，有效遏制生产责任主体的违法行为。对检查发现的不符合农产品质量安全标准的农产品，责令停止销售，进行无害化处理或者予以监督销毁。加大对监管执法人员的业务培训频率，强化执法人员对专业法律知识的学习，提高监管执法办案效率。

4）完善农产品质量全程追溯系统。加速构建农产品质量安全溯源体系，对农产品整个生长周期的用药、用肥进行详细跟踪，给农产品都带上"身份证"、赋上二维码、贴上合格证，实现农产品从播种到耕种再到收获，直至入市的整个环节都有据可查。

2. 无公害农产品安全生产技术

（1）无公害农产品要求

无公害农产品除风味、营养含量合理外，必须满足以下条件：第一，不含有禁用的高毒农药，其他农药残留量不超过允许标准；第二，硝酸盐含量不超过标准允许量；第三，"三废"和病原微生物等有害物质不超过标准允许量。

（2）无公害农产品安全生产技术

1）产地选择。要求产地3 km范围内不存在污染源，不存在高污染企业、化工企业，不存在医院、屠宰场、动物加工企业等。在整个生产区域内，空气质量、大气环境标准都应该符合无公害农产品生产质量要求，灌溉用水应该达到无公害农产品安全生产质量要求。

2）品种选择。因地制宜选用抗病品种和低富集硝酸盐的品种，尤其是对尚无有效防治方法的农产品病虫害，必须选用抗病虫品种。

3）种子处理。播种前检验种子纯度、净度、千粒重、发芽率、水分。采用温汤浸种方法或使用药剂对种子进行处理。

4）适时播种。作物播种期与病虫害发生关系密切，要根据作物的品种特性和当年的气候状况，选择适宜的播种期。

5）培育壮苗。采用护根的营养钵、穴盘等进行育苗。及早炼苗，以减轻苗期病害，增强抗病力。适龄壮苗，带土移栽。

6）实行轮作。合理安排品种布局，避免同种农产品连作，实行水平轮作或其他轮作方式。有条件的地区可采用水旱轮作，以减少病原菌基数和病虫危害。

7）合理施肥。在无公害农产品生产种植中所用肥料需以有机肥为主，辅以其他肥料；以多元复合肥为主，单元素肥料为辅；以基肥为主，追肥为辅。应尽量限制化肥的施用，根据需要有限度地选择施用化肥。

无公害农产品允许使用的肥料种类包括农家肥料、商品有机肥、腐殖酸类肥、微生物肥料、有机复合肥、无机（矿质）肥和叶面肥等。

8）科学防治病虫害。坚持"预防为主、综合防治"的原则，充分利用农业、生物综合措施防治病虫害，严格控制使用化学农药。

常用的农业综合防治措施有：高垄栽培，防治水传病害；剪除病虫危害过的作物残体，防止扩大危害；及时通风降湿，控制病害发生；合理施肥浇水，提高植株抗病能力；合理轮作倒茬；选用抗病品种等。

使用化学药剂防治病虫害时，必须充分考虑农药的污染与残留因素，通过减少用药次数和严格选用低毒、低残留的安全农药，确保生产出优质无公害的农产品。禁止使用高毒、高残留或者具有致癌、致畸、致突变作用的农药。

3. 绿色农产品安全生产关键技术

（1）绿色农产品要求

绿色农产品的生产过程对环境要求较高，同时也要保证生产出的农产品没有任何的污染，对人的身体健康没有任何的危害。我国绿色农产品分为 A 级和 AA 级。A 级为初级标准，即允许在生长过程中限时、限量、限品种使用安全性较高的化肥和农药。AA 级绿色农产品则较为严格，要求在生产过程中不使用化学合成的肥料、农药、兽药、饲料添加剂、食品添加剂和其他有害于环境和健康的物质。

（2）绿色农产品安全生产关键技术

1）产地环境。绿色农产品生产基地应远离工矿区和公路铁路干线，避开工业和城市污染源的影响，大气、土壤质量及灌溉用水等生态因子符合绿色食品产地要求。产地周围不得有大气污染源，特别是上风口没有污染源。产地不得有有害气体排放，生产生活用的燃煤锅炉需要安装除尘除硫装置。要求大气质量稳定，符合绿色食品大气环境质量标准。产地土壤元素位于背景值正常区域，周围没有金属或非金属矿山，并且没有农药残留污染，同时要求有较高的土壤肥力。

2）肥料使用。AA级绿色农产品生产可使用的肥料种类有农家肥、有机肥料、微生物肥料。A级绿色农产品生产可使用的肥料种类除农家肥、有机肥料、微生物肥料外，还可以使用有机无机复混肥料、无机肥料。

禁止使用未经发酵腐熟的人畜粪尿，垃圾、污泥和含有害物质（如病原微生物、重金属、有害气体等）的垃圾，成分不明确或含有安全隐患成分的肥料，添加有稀土元素的肥料以及国家法律法规规定禁用的肥料。

3）病虫防治。优先选择农业防治，如使用抗病虫品种、合理轮作、深耕，及时清除田间病虫残株、残体和杂草，以控制病虫侵染源。

尽量利用物理防治，如利用黑光灯诱杀害虫，利用黄蓝板诱杀蚜虫、白粉虱，利用性诱剂诱杀鳞翅目害虫成虫，高温闷棚、人工捉虫、清除病株等防治方法。

利用病虫的天敌消除病虫害，以虫治虫，以病治虫。如利用赤眼蜂、白僵菌类防治玉米螟、水稻螟虫等来消除病虫害。

必要时使用化学防治。合理使用低风险农药，达到"治准、治早、治好"的目的。

4. 有机农产品安全生产关键技术

（1）有机农产品定义

有机农产品来自有机农业生产体系，不使用化学合成物质，采用有机肥料和生物防治等生产方式，强调生态平衡和可持续性。

（2）有机农产品安全生产关键技术

1）环境要求。有机生产基地应远离城区、工矿区、交通主干线、工业污染源、生活垃圾场等。并且在生产有机农产品时，必须保证生产土壤3年之内没有添加过任何化肥与农药，在生产全过程也不能添加任何带有激素与化学成分的物质。

2）转换期标准。转换期的开始时间从提交认证申请之日算起。一年生作物的转换期一般不少于24个月，多年生作物的转换期一般不少于36个月。新开荒的、长期撂荒的、长期按传统农业方式耕种的或有充分证据证明多年未使用禁用物质的农田，也应经过至少12个月的转换期。转换期内必须完全按照有机农业的要求进行管理。

3）缓冲带。应对有机生产区域受邻近常规生产区域污染的风险情况进行分析。若存在风险，则应在有机生产和常规生产区域之间设置有效的缓冲带或物理屏障，以防止有机生产地块受到污染。

4）种子种苗选择。应选择有机种子或种苗。禁止使用经禁用物质和方法处理的种子和种苗。

5）施肥要求。通过适当的耕作与栽培措施维持和提高土壤肥力，包括回收、再生和补充土壤有机质和养分，以补充因作物收获而从土壤带走的有机质和土壤养分，采用种植豆科作物、免耕或土地休闲等措施进行土壤肥力的恢复。

当上述措施无法满足作物生长需求时，可适量施用有机肥和生物肥料，以维持和提高土壤的肥力，保证营养平衡和土壤生物活性，但避免过量使用。

6）病虫草害防治。应优先采用农业措施，通过选用抗病抗虫品种、非化学药剂种子处理、培育壮苗、加强栽培管理、中耕除草、清洁田园、轮作倒茬、间作套种等一系列措施起到防治病虫草害的作用。尽量利用灯光、色彩诱杀害虫，机械捕捉害虫，采用机械或人工除草等措施防治病虫草害。

7）污染控制。应采取措施防止常规农田的水渗透或漫入有机地块。应避免因施用外部来源的肥料造成禁用物质对有机产品的污染。常规农业系统中的设备在用于有机农产品生产前，应采取清洁措施，避免常规产品混入禁用物质从而造成污染。在使用保护性的建筑覆盖物、塑料薄膜、防虫网时，宜选择聚乙烯、聚丙烯或聚碳酸酯类产品，并且在使用后应从土壤中清除，不应焚烧。生产过程中不应使用聚氯类产品。

职业模块 ❿
相关法律、法规知识

了解农业相关法律法规基础知识。

一、《中华人民共和国农业法》相关知识

《中华人民共和国农业法》(以下简称《农业法》)自 1993 年 7 月 2 日颁布至今,分别于 2002 年 12 月 28 日、2009 年 8 月 27 日和 2012 年 12 月 28 日进行了修正。现行的《农业法》于 2013 年 1 月 1 日正式实施生效,共有 13 章,分为总则、农业生产经营体制、农业生产、农产品流通与加工、粮食安全、农业投入与支持保护、农业科技与农业教育、农业资源与农业环境保护、农民权益保护、农村经济发展、执法监督、法律责任和附则,共计 99 条。

1.《农业法》的立法目的

第一,巩固和加强农业在国民经济中的基础地位。第二,统筹考虑农业、农村和农民问题,深化农村改革,促进农业和农村经济的持续、稳定、健康发展。第三,以实现全面建设小康社会为目标。

2.《农业法》的基本原则

(1)遵守依法治农的基本原则

在进行农业生产或者农民进行农业相关活动时,都要遵守农业基本法及宪法的规定,做到有法可依。政府机关、农业相关机构、社会团体和个人都必须严格按照法律执行,违反法律必定追究责任。

(2)保护"三农"权利的原则

农业法的重点原则是"保护农业"原则,或者叫作保护"三农"原则。这个原则主要是指在立法和执法的过程中,要依据农业法的相关法律法规来保障农业、农村以及农民的根本权益。

(3)农村社会、农业生态和经济协调发展的原则

农业经济发展与农业生态环境两者要相互协调。在维持生态环境的前提下发展农业经济,把农村自身建设和农业经济发展相互结合起来。在农村农业经济的发展中,不能只是单一发展某一个方向,而是要全面可持续发展。

(4)遵循以政府调节为辅、市场导向为主的原则

在我国,市场经济起主导作用。要按照市场经济规律,对政府职能部门进行

授权。政府进行局部调节，引导农村发展方向，适当地管理和规范农业经济发展趋势，从政策上支持农村建设。

（5）科教兴农原则

国家大力支持农业科学技术的研究发展，并把研究成果应用到农业生产实际操作中，推广并发展农业科学技术，强化农业教育，实现农业经济的可持续发展。

3.《农业法》的意义

（1）明确农民的主体地位，全面支持农业发展

《农业法》符合目前我国农村农业发展的基本情况，明确了农民在我国的主体地位。第一章和第三章明确规定了农村、农业、农民的地位，发展农业占据了国家发展国民经济的首要位置，要确保农村及农业经济发展的基本目标。

（2）维护了农业生态环境的发展，科教兴农

《农业法》从某种程度上维护了农业生态环境，有助于以科技来发展农业。农村经济发展已不再是传统的耕作模式，而是用机械化、专业化的模式来发展。第七章法规明确指出了国家鼓励、吸引高科技企业等社会力量对农业科学技术进行投入。国家保护农作物新品种培育，扶持农业技术推广，促进农业科学技术进步，培育科学技术人才。这不仅加强了农民的创造力，增加了农作物收成，促进了农村经济发展，还提升了农民的生活水平。

二、《中华人民共和国农业技术推广法》相关知识

《中华人民共和国农业技术推广法》经1993年7月2日第八届全国人民代表大会常务委员会第二次会议通过，共经过2次修正（2012年8月31日和2024年4月26日）。该法分总则、农业技术推广体系、农业技术的推广与应用、农业技术推广的保障措施、法律责任、附则等6章39条。

《中华人民共和国农业技术推广法》所称农业技术，是指应用于种植业、林业、畜牧业、渔业的科研成果和实用技术，包括：良种繁育、栽培、肥料施用和养殖技术；作物病虫害、动物疫病和其他有害生物防治技术；农产品收获、加工、包装、贮藏、运输技术；农业投入品安全使用、农产品质量安全技术；农田水利、农村供排水、土壤改良与水土保持技术；农业机械化、农用航空、农业气象和农业信息技术；农业防灾减灾、农业资源与农业生态安全和农村能源开发利用技术；其他农业技术。

本法所称农业技术推广，是指通过试验、示范、培训、指导以及咨询服务等，

把农业技术普及应用于农业产前、产中、产后全过程的活动。

农业技术推广应当遵循的原则包括：有利于农业、农村经济可持续发展和增加农民收入；尊重农业劳动者和农业生产经营组织的意愿；因地制宜，经过试验、示范；公益性推广与经营性推广分类管理；兼顾经济效益、社会效益，注重生态效益。

各级国家农业技术推广机构属于公共服务机构，履行的公益性职责包括：各级人民政府确定的关键农业技术的引进、试验、示范；植物病虫害、动物疫病及农业灾害的监测、预报和预防；农产品生产过程中的检验、检测、监测咨询技术服务；农业资源、森林资源、农业生态安全和农业投入品使用的监测服务；水资源管理、防汛抗旱和农田水利建设技术服务；农业公共信息和农业技术宣传教育、培训服务；法律、法规规定的其他职责。

三、《中华人民共和国劳动法》相关知识

《中华人民共和国劳动法》（以下简称《劳动法》）于1994年7月5日第八届全国人民代表大会常务委员会第八次会议通过，共经过2次修正（2009年8月27日和2018年12月29日）。

《劳动法》包括总则、促进就业、劳动合同和集体合同、工作时间和休息休假、工资、劳动安全卫生、女职工和未成年工特殊保护、职业培训、社会保险和福利、劳动争议、监督检查、法律责任和附则。共13章，107条。

《劳动法》规定建立劳动关系应当订立劳动合同。劳动合同应当以书面形式订立，合同条款包括：劳动合同期限；工作内容；劳动保护和劳动条件；劳动报酬；劳动纪律；劳动合同终止的条件；违反劳动合同的责任。此外，劳动者可以与用人单位协商约定其他内容。

用人单位与劳动者发生劳动争议，当事人可以依法申请调解、仲裁、提起诉讼，也可以协商解决。调解原则适用于仲裁和诉讼程序。解决劳动争议，应当根据合法、公正、及时处理的原则，依法维护劳动争议当事人的合法权益。劳动争议发生后，当事人可以向本单位劳动争议调解委员会申请调解；调解不成，当事人一方要求仲裁的，可以向劳动争议仲裁委员会申请仲裁。当事人一方也可以直接向劳动争议仲裁委员会申请仲裁。对仲裁裁决不服的，可以向人民法院提起诉讼。

《劳动法》规定用人单位有下列侵害劳动者合法权益情形之一的，由劳动行政

部门责令支付劳动者的工资报酬、经济补偿，并可以责令支付赔偿金：克扣或者无故拖欠劳动者工资的；拒不支付劳动者延长工作时间工资报酬的；低于当地最低工资标准支付劳动者工资的；解除劳动合同后，未依照本法规定给予劳动者经济补偿的。

四、《中华人民共和国民法典》相关知识

《中华人民共和国民法典》于2020年5月28日经第十三届全国人民代表大会第三次会议通过，自2021年1月1日起施行。它是新中国第一部以法典命名的法律，被称为"社会生活的百科全书"。《中华人民共和国民法典》共7编，各编依次为总则、物权、合同、人格权、婚姻家庭、继承、侵权责任和附则，共1 260条。其中有许多规定与"三农"相关，包括总则中"农村承包经营户""特别法人"、物权编中"第四章 一般规定""第五章 国家所有权和集体所有权、私人所有权""第十一章 土地承包经营权""第十二章 建设用地使用权""第十三章 宅基地使用权""第十五章 地役权"的规定等。

第十一章土地承包经营权规定，土地承包经营权人依法对其承包经营的耕地、林地、草地等享有占有、使用和收益的权利，有权从事种植业、林业、畜牧业等农业生产。耕地的承包期为三十年。草地的承包期为三十年至五十年。林地的承包期为三十年至七十年。前款规定的承包期限届满，由土地承包经营权人依照农村土地承包的法律规定继续承包。土地承包经营权人依照法律规定，有权将土地承包经营权互换、转让，可以自主决定依法采取出租、入股或者其他方式向他人流转土地经营权。

第十七章第三百九十九条规定，不得作为抵押的财产包括：土地所有权；宅基地、自留地、自留山等集体所有土地的使用权，但是法律规定可以抵押的除外；学校、幼儿园、医疗机构等为公益目的成立的非营利法人的教育设施、医疗卫生设施和其他公益设施；所有权、使用权不明或者有争议的财产；依法被查封、扣押、监管的财产；法律、行政法规规定不得抵押的其他财产。

五、《中华人民共和国种子法》相关知识

《中华人民共和国种子法》（以下简称《种子法》）于2000年7月8日第九届全国人民代表大会常务委员会第十六次会议通过，共经过3次修正。《种子法》修正重点主要在五个方面：完善作物新品种保护制度，激励育种原始创新，加强种

质资源保护，完善法律责任，强化放管结合。

1. 完善作物新品种保护制度

《种子法》通过扩大作物新品种的保护范围、扩展保护环节，强化作物新品种保护制度设计，加大保护力度，实现对作物新品种权的全链条保护。

2. 激励育种原始创新

《种子法》中第一条开宗明义地将"加强种业科学技术研究，鼓励育种创新"列为立法目的。并在第十二条增加了国家支持生物育种技术研究的规定，国家加强种业公益性基础设施建设，保障育种科研设施用地合理需求。

《种子法》建立了实质性派生品种制度，激励育种创新，通过建立利益调节机制，加强对原始育种者的权利保护，从源头上解决种子同质化难题。

3. 加强种质资源保护

《种子法》第九条增加了"重点收集珍稀、濒危、特有资源和特色地方品种"。第十一条规定："任何单位和个人向境外提供种质资源，或者与境外机构、个人开展合作研究利用种质资源的，应当报国务院农业农村、林业草原主管部门批准，并同时提交国家共享惠益的方案。"

4. 完善法律责任

为提高对侵害作物新品种行为的威慑力，《种子法》加大了对侵犯作物新品种权行为的打击力度，具体体现在以下两个方面：落实知识产权侵权惩罚性赔偿制度，对故意侵犯作物新品种权的行为加大了惩罚性赔偿数额。

5. 强化放管结合

《种子法》第五十二条规定："由于不可抗力原因，为生产需要必须使用低于国家或者地方规定标准的农作物种子的，应当经用种地县级以上地方人民政府批准。"《种子法》放宽了对非农作物种子进出口业务的监管，只有从事农作物种子进出口业务的，应当取得种子进出口许可。

六、《中华人民共和国农产品质量安全法》相关知识

《中华人民共和国农产品质量安全法》（以下简称《农产品质量安全法》）经2006年4月29日第十届全国人民代表大会常务委员会第二十一次会议通过，历经2018年修正，2022年修订，于2023年1月1日正式实施。

《农产品质量安全法》强调全链条控制。突出从农产品产地、生产、收购、储存、批发、运输、销售等各环节的质量安全保障，确保农产品从田间地头到百姓

餐桌的全过程监管。强化农产品质量安全风险管理和标准制定。明确实行源头治理、风险管理、全程控制基本原则，建立农产品质量安全风险监测、评估制度，加强对重点区域、重点农产品品种的风险管理。

《农产品质量安全法》扩展了责任主体范围。将农户纳入监管范围，明确农业生产企业、农民专业合作社、农户应当对其生产经营的农产品质量安全负责，地方政府应当对本行政区域的农产品质量安全工作负责。加强收储运环节监管，明确农产品批发市场、农产品销售企业、食品生产者等的检测、合格证明查验等义务。规定了网络平台销售农产品的生产经营者、从事农产品冷链物流的生产经营者的质量安全责任。

《农产品质量安全法》增设了新规定，完善了制度衔接。第三十九条提到了建立健全农产品承诺达标合格证查验等制度，第四十一条提到了农产品实施追溯管理。加大对违法行为的处罚力度。与食品安全法相衔接，提高了对违法行为的处罚力度，并对做好行刑衔接作了规定。

七、《农药管理条例》相关知识

《农药管理条例》于1997年5月8日中华人民共和国国务院令第216号发布，共经过2次修订。

《农药管理条例》将农药生产管理职责统一划归农业主管部门，赋予农业主管部门全面履行农药登记、生产、经营、使用指导全过程的管理职责。

《农药管理条例》对农药登记制度主要做了以下修改。一是取消临时登记，明确在我国生产和向我国出口的农药需申请农药登记。二是规定国务院农业主管部门组织成立农药登记评审委员会，负责农药登记评审。三是规定申请农药登记，首先要进行登记试验。四是规定登记试验由国务院农业主管部门认定的登记试验单位按照规定进行，登记试验单位应对登记试验报告的真实性负责。五是规定了登记试验结束后，申请人应当提交的资料以及农药登记机关的审批时限等。六是规定了农药登记证应当载明的内容和有效期，以及农药登记证的延续、变更程序。

针对农药使用中存在的擅自加大剂量、超范围使用等问题，主要做了以下规定。一是要求农业主管部门应当加强农药使用指导、服务工作，建立健全农药安全、合理使用制度，组织推广农药科学使用技术，规范农药使用行为。二是要求农药使用者严格按照农药的标签标注的使用范围、使用方法和剂量、使用技术要求等注意事项使用农药，不得扩大使用范围、加大用药剂量或者改变使用方法；

不得使用禁用的农药；标签标注安全间隔期的农药，在农产品收获前应当按照安全间隔期的要求停止使用；剧毒、高毒农药不得用于防治卫生害虫，不得用于蔬菜、瓜果、茶叶、菌类、中草药材的生产。三是要求农产品生产企业、食品和食用农产品仓储企业，专业化病虫害防治服务组织等应当建立农药使用记录。

界定假劣农药：以非农药冒充农药；以此种农药冒充他种农药；农药所含有效成分种类与农药的标签、说明书标注的有效成分不符。按照假农药处理的有：禁用的农药；未依法取得农药登记证而生产、进口的农药；未附具标签的农药。按劣质农药处理的有：不符合产品质量标准；混有导致药害等有害成分；超过质量保证期。

加大对违法行为的处罚力度，进一步严格了法律责任：一是对无证生产经营、生产经营假劣农药等违法行为，规定了没收违法所得、罚款、吊销许可证，以及没收违法生产的产品和用于违法生产的设备、原材料等行政处罚，构成犯罪的依法追究刑事责任；二是对将剧毒、高毒农药用于蔬菜、瓜果等食用农产品的，规定了罚款等行政处罚，构成犯罪的依法追究刑事责任；三是规定被吊销农药登记证的，5年内不再受理其登记申请；无证生产经营以及被吊销许可证的，其直接负责的主管人员10年内不得从事农药生产、经营活动。